航空传奇

THE LEGEND OF AVIATION

焦国力 著

揭开写在蓝天的问号
定格空中战场的硝烟

山西出版传媒集团 山西教育出版社

U0311107

图书在版编目（ＣＩＰ）数据

航空传奇/焦国力著. —太原：山西教育出版社，2013.4
（2017.3 重印）
ISBN 978－7－5440－5893－3

Ⅰ. ①航… Ⅱ. ①焦… Ⅲ. ①飞行器－青年读物 ②飞行
器－少年读物 Ⅳ. ①V27－49

中国版本图书馆 CIP 数据核字（2013）第 057512

航空传奇
HANGKONG CHUANQI

责任编辑	彭琼梅	
复 审	李梦燕	
终 审	张大同	
装帧设计	薛 菲	
印装监制	贾永胜	

出版发行 山西出版传媒集团·山西教育出版社
（太原市水西门街馒头巷 7 号 电话：0351－4035711 邮编：030002）

印 装	山西人民印刷有限责任公司	
开 本	890×1240 1/32	
印 张	7.375	
字 数	155 千字	
版 次	2013 年 4 月第 1 版 2017 年 3 月山西第 3 次印刷	
印 数	7 001—10 000 册	
书 号	ISBN 978－7－5440－5893－3	
定 价	15.00 元	

如发现印装质量问题，影响阅读，请与印刷厂联系调换。电话：0358－7641044

目 录

揭开写在蓝天的问号

1

3

揭开写在蓝天的问号

01　哪种战斗机敢在海上"跳芭蕾"

◇ ·················

　　战斗机在航空母舰上起降是一种十分惊险刺激的过程，舰载机的飞行员把起降的过程叫做"海上的芭蕾"。应该说并不是任何一种战斗机都可以跳"海上的芭蕾"，有的战斗机即使经过改装也不适合在航空母舰上起降。

　　目前世界各国装备的舰载战斗机品种不多，重型的舰载战斗机就更少，长期以来，在世界重型舰载战斗机的行列里，一直跳的是"双人舞"，因为算得上重型舰载战斗机的只有美国的 F－14"雄猫"和俄罗斯的苏－33"海侧卫"两种战斗机，"海侧卫"这个绰号是西方人取的，俄国人也默许了这个绰号。

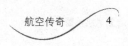

进入 21 世纪，随着美军的重型舰载战斗机 F－14 "雄猫" 的退役，世界重型舰载战斗机只剩下俄罗斯的苏－33 一花独放。

苏－33 是唯一的选择吗？

世界上有的国家，特别是装备了航空母舰的国家，一直希望从俄罗斯买到舰载战斗机。资料显示，俄罗斯是世界战斗机出口的大国，2000—2005 年仅 "苏霍伊公司" 作战飞机的产值就占全世界作战飞机总产值的 15%，其出口额占世界的 25%（包括在国外的特许生产）。从俄罗斯购买舰载战斗机可以选择的有三种，一种是雅克－141，一种是米格－29K，另一种就是苏－33。雅克－141 价

米格－29K

格便宜，俄罗斯的雅克福列夫设计局一直积极在世界各国寻求技术合作伙伴，但是雅克-141技术相对落后，更重要的是，雅克-141没有正式服役，它要在航空母舰上"安家"，底气不足。

选择米格-29K行不行？应该说米格-29K也是一种不错的选择。米格-29K曾经在"库兹涅佐夫"号航空母舰的甲板上趾高气扬地起降过，它在向世人证明：米格-29K能够成为海上的一个强有力的"支点"。米格-29K在米格-29的基础上进行了较大的改装，它的空中受油探管可以全部收入机身。为了能够安全地在航空母舰上降落，米格-29K增加了减速板和着舰拦阻钩，并且加强了起落架。米格-29K的机翼也重新进行了设计，它的平尾前缘是锯齿状的，这些改进都是为了更好地在航空母舰上起降。可是俄国人在为他们的"库兹涅佐夫"号航空母舰选择舰载战斗机的时候，并

米格-29K机翼折叠

没有看上米格 -29K，因为米格 -29K 的缺点也是十分明显的：它的航程短，载弹量不大，尽管米格 -29K 的翼下挂架增加到 8 个，但是俄军还是感到它的攻击火力明显不足。俄国海军选择了苏 -33。

俄国人宣称：苏 -33 是目前世界上最先进的舰载战斗机，"美国航母最新的 F -18E/F '超级大黄蜂'战斗机也不是苏 -33 的对手"。有的俄国人甚至拍着胸脯说："美国海军航母的主力机种 F - 14 和 F -18C/D 在总体性能上完全无法与苏 -33 相比，即使装上了 AIM -120 先进中程空空导弹的 F -18E/F '超级大黄蜂'，在机动性和加速性上，也比苏 -33 差得远。"

俄国人这样说不是没有理由的。

俄国人向世界炫耀说：苏 -33 创造了许多世界第一，"它是世界上第一种在机身前部安装前水平翼的舰载战斗机"。这是因为苏 -33 采用了大推重比涡扇发动机，从甲板上滑跃起飞时可以得到足

苏 -33

够的加速度。

海上"独舞"危险大于刺激吗?

有人对这种说法不屑一顾,他们提出了疑问:"苏－33 使用的发动机不是推力矢量发动机,这对于苏－33 来说是一个致命的问题。因为滑跃起飞并不是苏－33 的最佳选择。"这是一个十分尖刻的问题。

苏－33

对于这样的疑问,俄国人心知肚明,他们当然知道苏－33 战斗机的弱点。俄罗斯的苏－33 舰载战斗机主要装备在俄国海军的"库兹涅佐夫"号航空母舰上,我们知道,"库兹涅佐夫"号航空母舰的甲板全长 304.5 米,飞行甲板上没有弹射起飞设备,它采用了带有倾斜角度的滑橇式甲板,在这样的甲板上滑跃起飞,对飞行员来说是"危险大于刺激"。俄国人很快出来解释说:苏－33 很快就要换装推力矢量发动机，这种发动机的推力更强，战斗机的起飞距离更短，"苏－33 很快就会成为一种超机动性的舰载战斗机"。不仅如此，俄国人还向外界透露："苏－33 还装有可收缩式空中受油管，可由另一架带有外挂油箱的苏－33 来进行空中伙伴加油。"俄国人还"漫不经心"地向苏－33 舰载战斗机的潜在买家透露说："苏－33 的座舱装有 K－36 型弹射座椅，可在零高度以 0～1100 千米的速度安全弹射。"很多人都听出了这话的弦外之音：在航空母舰上起降的战斗机即使遇到什么不测，俄罗斯的弹射座椅也可以保证飞行员的生命安全。

衡量一种战斗机的优劣很重要的一个指标就是它的火控系统。苏－33 的火控系统有些什么优势呢？俄国人介绍说，苏－33 安装的是脉冲多普勒雷达，这种雷达可同时探测 100 千米范围内 10 个空中或地面/海面目标，并可引导机载武器攻击其中 4 个。苏－33 机尾的大型尾锥内装有后视雷达，后视雷达可探测 30～50 千米范围内、雷达反射面为 3 平方米的目标，也就是说，苏－33 的雷达可以探测到比家用小汽车还要小的目标。苏－33 还安装了雷达告警设备，这种告警设备可在敌机逼近时自动向飞行员报警。俄国人还特别介绍了苏－33 飞行员采用的头盔瞄准具，说这种头盔瞄准具可引导最新型 R－73M 空空导弹，还能引导精确制导武器对地面/海面目标进行攻击，而且，头盔瞄准具最重要的一个作用是可以让苏－33 在作战中关闭机载雷达，以便进行突然袭击。苏－33 还装有先进的电子探测仪，一旦发现可疑的电波照射，可及时通知飞行员。这时，飞行员可用电子干扰吊舱对敌机进行主动式电子干扰。苏－

33 共有 12 个武器挂架，可挂载 6 吨多的武器，除了 R－27ET 和 R－27ER 远程空空导弹外，还可发射先进的 R－77 主动雷达中程空空导弹。在近距空战方面，该型机配有最新型的 R－73M 空空导弹。除各式精确制导武器外，苏－33 还可携带具有超音速突防能力的 KH－31/41 反舰导弹。

苏－33 何时踏上甲板？

俄国人的介绍吸引了很多买家，但是精明的买家向俄国人提出了更为尖锐的问题：苏－33 能够安装相控阵雷达吗？

俄国人对这个问题似乎早有准备，俄国人胸有成竹地向外界透露说：苏－33 很快将换装更新型的电子扫描相控阵雷达，这种全数

刚起飞的苏－33

位式多功能雷达，可探测 120～140 千米的雷达反射面很小的目标，同时，还可探测 110～150 千米的地面/海面目标，并同时追踪 15 个空中目标，可以引导导弹同时攻击其中的 6 个空中或地面/海面目标。

俄国人所作的一系列介绍当然不错，可是问题是各国的买家能够买到这种最新改进型的苏－33 吗？这是一个值得每一个买家认真思考的问题。

这样好的战斗机在俄军中的命运如何呢？这也是很多读者都很关心的问题。

苏联解体后，俄罗斯海军坚持认为，对于俄罗斯这样的国家来说，至少需要 8 艘航母才能保障国家安全。然而，俄罗斯的国库囊中羞涩，使俄罗斯海军只能"纸上谈兵"，目前俄罗斯海军中只有"库兹涅佐夫"号航母在"一枝独秀"地行驶着。从目前的迹象显示，俄罗斯海军不会购买更多的苏－33，屈指算一算，俄军的"库兹涅佐夫"号航空母舰只装备了 24 架苏－33，24 架苏－33 对于"库兹涅佐夫"号来说已经达到"饱和"的程度了。对于囊中羞涩的俄罗斯来说，推销自己的战斗机，是一件十分必要的事情。

那么，苏－33 是什么时间正式迈上"库兹涅佐夫"号航空母舰的甲板的呢？1991 年底，苏联解体，"库兹涅佐夫"号航母才从黑海试验区调回北方舰队。1993 年初，俄罗斯海军决定选择苏－33 作为"库兹涅佐夫"号航母的战斗机。同年 4 月，首批 4 架苏－33 型战斗机正式进入俄罗斯海军服役。1994 年，苏－33 舰载战斗机的国家鉴定结束，24 架苏－33 进入俄罗斯海军北方舰队的舰载战斗机团服役。

也许有的读者会问：是哪位飞行员第一个将苏－33战斗机降落在航空母舰的甲板上的呢？

1989年9月，"库兹涅佐夫"号新型航母开始海上试航。同年11月1日，试飞员普加乔夫驾驶T10K－2舰载机成功地降落在"库兹涅佐夫"号的飞行甲板上。不久，T10K－2舰载机被正式命名为苏－33战斗机。

链接：走进"库兹涅佐夫"号航空母舰

"库兹涅佐夫"级（原"苏联"级）是苏联第三代航空母舰，原计划建造2艘，即"库兹涅佐夫"号（原"第比利斯"号）和"瓦良格"号（原"加里"号）。"瓦良格"号在船体工程完成70%时，苏联宣告解体，"瓦良格"号随后停工，最后作为废船卖给韩国。

"库兹涅佐夫"号于1983年1月动工，1985年12月下水，1991年服役，是目前俄罗斯海军唯一的一艘航空母舰。"库兹涅佐夫"号长304.5米，宽38.5米，吃水10.5米，飞行甲板最宽70米，采用舰首滑跃式跑道，满载排水量67500吨，动力装置为4台燃气轮机，航速32节。可搭载苏－33战斗机、苏－25攻击机、卡－29战斗直升机和卡－27反潜直升机等各种舰载机。武器装备有：4座六联装SA－N－9舰空导弹垂直发射系统（总备弹192枚），12具SS－N－19反舰导弹发射器，2座RBU－12000十管反潜火箭发射架，8座CADS－N－1"卡什坦"近防系统，6座AK630"加特林"舰炮和1座双联装30毫米舰炮，各种雷达近20部。

"库兹涅佐夫"号航空母舰与众不同之处就是它既有舰队型航母特有的斜直两段甲板，又有轻型航母通用的12度上翘角滑跃式起飞甲板。舰上没有装备弹射器，却可以起降重型固定翼战斗机。这之中的奥妙就在于它将英国首创的"滑跃式"起飞方式与自己气动性能优异的苏-33战斗机相结合。在牺牲飞机作战性能的情况下，终于拥有了自己的"大型航空母舰"，但俄罗斯人仍旧自称为"载机巡洋舰"。"库兹涅佐夫"号航空母舰创造了滑跃起飞、拦阻降落这一新颖的航母起降方式。

02　　　F-117 退出历史舞台的秘密

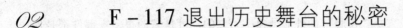

　　有人说，F-117 是 20 世纪的战斗机，它不属于 21 世纪，F-117 的退役是不可避免的。或许你不会同意这样的说法，但是，当你了解了 F-117 是怎样诞生的，你就不会对它的退役感到奇怪了。

　　假如有人告诉你，F-117"夜鹰"隐身战斗机是用其他战斗机拼装起来的，你一定不会相信。不过，"夜鹰"的确有很多地方是采用"拿来主义"，用其他战斗机的零部件"拼装"起来的。

　　我们现在就来看看"夜鹰"是怎样"拼装"的吧。

不断改进　七拼八凑很快落后

　　"夜鹰"的外形是独一无二的,可是它的很多零部件都是使用别的战斗机的,比如,F－117的发动机就不是专门设计的,它的发动机最早是使用F/A－18"大黄蜂"的发动机,后期逐渐换装推力更大的F－412涡扇发动机。就是换装的发动机也不是特意设计的,F－412发动机原本是给A－12隐身攻击机使用的,但A－12计划已取消。更换"心脏"之后,F－117的推力加大了,速度也增大至接近音速。据说美国有一些航空爱好者曾测量到后期的F－117速度已经略超过音速。

F－117的主起落架

　　"夜鹰"的起落架也不是自己的，设计师把 F－15"鹰"的起落架直接"拼装"到了 F－117 的身上，当做 F－117 的主起落架，前起落架的支柱是使用 A－10 攻击机的。看来这个"拼装"还是很成功的，F－15 的起落架经受了考验。

　　不但 F－117 的起落架这样的硬件是"拼装"的，就连飞行控制计算机也不是专门为 F－117 研制的，F－117 的设计师们干脆把 F－16A/B"战隼"的飞行控制计算机原封不动地拿了过来。四余度电传操纵系统也是 F－16 的，四余度电传操纵系统中，四台飞行计算机都独自从机头的 4 个全方位空速管中取得飞行数据，因而有四个相同的空速管。

F－117 四个相同的菱形空速管

　　F－117 座舱里的设备很多也都是别人的东西。F/A－18 战斗机的平视显示器和多功能显示器也"拼装"到了 F－117 的座舱里。当时，F－117 的设计师们还考察论证了所有军用飞机的飞机导航系统，发现 B – 52 轰炸机的导航系统比较完善可靠，干脆一不做二不休，把 B – 52 的飞行导航系统"拼装"到了 F – 117 的身上。他们还把 B – 52 轰炸机装备的环控系统、通信及导航设备、液压附件和 ACES Ⅱ 座椅等，一股脑儿都搬到了 F – 117 上。

这样一算，在 F – 117 的身上可以看到 F – 15、F – 16、F/A – 18 以及 B – 52 的影子。这真的是名副其实的"拼装"。

设计师们这样做的目的只有一个，那就是降低成本和研制的风险，为了能够让 F – 117 早日出世。

当然飞机设计师们也并不是固步自封裹足不前。他们知道如此拼装不能长久，他们更知道与时俱进的道理。F – 117 诞生之后，飞机设计师们就开始对 F – 117 进行不断的改进。1984 年，洛克希德公司开始了对 F – 117 的第一阶段的改进工作，他们使用 IBM 公司的 AP – 102 取代了台尔柯公司的 M362F 计算机。紧接着进行了第二阶段的改进工作，对 F – 117 的座舱进行了改进，加装了霍尼韦尔公司的多功能显示器、三维飞控管理系统和活动地图等。改进后的 F – 117 参加了海湾战争，取得了不错的作战效果。第三阶段的改进工作是从海湾战争之后开始的，洛克希德公司瞄准了战争的需求，对 F – 117 的电子和火控系统进行了较大的改进，机上安装了新的远红外捕获与指示系统，还安装了霍尼韦尔公司的环形激光陀螺惯导系统和柯林斯公司的 GPS 系统。这个阶段的改进工作于 1992 年试飞，这使 F – 117 的性能明显提高。

迄今为止，F – 117 改进的航空电子系统有：采用新的武器系统计算分系统和霍尼韦尔公司的能显示综合数字式地图的彩色多功能显示器，以提高攻击能力。用新的环形激光陀螺和全球定位系统取代已不再生产的主惯导系统，改装后在不影响系统精度的前提下可以提高平均故障间隔时间和降低维护费用。增加自动油门装置，以提供到达目标上空的精确时间。改进任务计划系统，以便更加灵活地适应战斗任务的临时改变，增加全天候能力等。海湾战争中装有两种不同的武器投放计算机的 F-117A 战斗机都参加了战斗。据说，改进型的飞机能在目标上空一次投放两颗炸弹。

尽管这些"拼装"的系统在 F-117 的身体里有很多，但是后来 F-117 都很适应这些部件，没有出现"排异反应"。

独门秘技　问题多多疲于应付

实事求是地说，F-117 身上的大部分零部件都是自己独创的设计。它那奇特的外形，它的座舱，它的垂尾，都是自己独有的，这可以看做是它的"独门秘技"。但是，这样的"独门秘技"并非无懈可击，反倒是问题层出不穷。

先来说说它的尾部。F-117 的尾段机身成收缩状而形成一个扁平的 V 形机尾，到了末端，上下机身分开了一道扁平的矩形缺口，这就是呈"鸭嘴兽"嘴巴形状的窄缝发动机喷口。它有 1.65 米长、0.10 米高，下唇口较长，上面贴有航天飞机使用的那种防热瓦，喷口内有垂直的导流片，下边缘有向后上方翘起的斜板，减弱了机尾后的雷达反射，对红外辐射也有遮挡作用。通过与冷空气的充分混合，排气温度仅有 66℃，大大提高了红外隐身效果。收紧的尾段机身与喷嘴是为了减少后方的雷达波反射，同时也使引擎排出的热气能迅速地与大气混合后降低温度，减少红外线的产生。收缩状的排气系统制造过程非常的复杂，它采用了钛、陶瓷与石英的合金。选用陶瓷作为用料是为了要减少热辐射的产生。如果仅仅使用陶瓷材料也会有严重的问题，由发动机推力所传来的震动使得陶瓷材料有老化的现象，因此又加上石英增强抗震的能力。这样的设计虽然有隐身效果，但是 V 型全动式尾翼容易因震动而老化、脱落，后来采用了石墨制成的尾翼。

进气口处的栅格，防止雷达波进入进气道

　　F－117 的驾驶舱是一个很独特的设计。风挡采用了类似斗篷般的形状。其实这个设计并不好，虽然具有隐身能力，但是使得 F－117 的飞行员向下、向后与上方视野非常窄小，飞行员是透过 5 片玻璃取得外面的视界（1 片在前方、左右各 2 片），上方全被座舱的支架遮蔽，所以飞行员向上的视野几乎等于零。这个独特的设计使得驾驶 F-117 的飞行员在空中加油时变得极为困难。我们知道，空中加油时，加油机与受油机连结的操作，完全都是由加油机的机尾操作员控制加油臂来进行的，飞行员所要做的就是稳定好飞机，但是飞行员仍然要靠自己操纵飞机接近加油臂才行。因为 F-117 的空中加油口就在飞行员头部的正后上方，当加油机的输油臂接近 F-117 时，飞行员无法知道受油口确切的位置。你可以想象，这样的空中加油会有多么危险。特别值得一提的是，F-117 的 5 块风挡玻璃全部镀上了一层金，这样做是为了有效地散射和反射雷达波，达到隐身的效果。

F-117 视野很差，飞行员看不到机身上部

F－117的机身是一个两端尖削的飞行角锥体，机身框架上覆盖有平板形蒙皮，光滑融合过渡，可将雷达波束反射到远离发射源的地方，尤其能有效地对付空中预警机的下视雷达。机身上所有的舱门和口盖都有锯齿状边缘来抑制雷达反射。机尾装有黑色阻力伞。

锯齿形的座舱盖

F－117采用双梁式下单翼，由下表面和上表面的三个平面构成，机翼下表面前部与前机身融合。后掠角67.5°，菱形翼剖面。这种机翼的形状主要是超音速导弹使用，远大于亚音速性能所要求的后掠角，F－117采用这一翼形主要是为了将前方的雷达波反射到接收不到的地方。机翼有两块副翼，与全动尾翼一起来操纵稳定飞机。这种机翼也出现了问题，在1997年的一次航展上，一架F－

117 在为现场的观众进行飞行表演，爬升状态的 F－117 左翼整片突然脱落，飞机立刻陷入螺旋下坠而无法控制，随即坠毁在巴尔的摩市郊区。事后查明，左机翼与主机身结构连结的地方出了问题，在机翼与机身大梁上的 39 个接合处，少了 4 颗铆钉，当飞行员做大角度爬升时结构承受不住而导致左主翼脱离。飞行员弹射成功，只受到了一点轻伤，飞机则坠毁。就是这 4 个铆钉葬送了一架 F－117，这个代价实在是太大了。

为了隐身的需要，F－117 不安装机载雷达，因为任何雷达波的发射都有可能会暴露出 F－117 的位置。那么 F－117 的导航、武器瞄准等等依靠什么？原来，F－117 的飞行是依靠"前视红外线瞄准具"和"俯视红外线瞄准具"。这两种光学传感器都安装在驾驶舱前方一个巨大的仪器舱里，其中，"前视红外线瞄准具"透过驾驶舱风挡前的一片玻璃露出镜头，当不使用时则向后旋转 180 度，这样可以保护敏感的镜头；"俯视红外线瞄准具"紧贴在"前视红外线瞄准具"下方，传感器镜头大约靠近鼻轮舱盖的右边。"前视红外线瞄准具"的功用主要在于夜间飞行与确认目标用；"俯视红外线瞄准具"则用来攻击已经经过认证的目标，它另外有一个激光目标定位器，可发射一束激光指引激光制导炸弹进行攻击。"惯性导航系统"提供了飞机目前的位置与目标相对的距离和方位，飞行员可利用"惯性导航系统"进行自动飞行，在靠近目标后再用前视红外线瞄准具确认。

为了增加平时安全性，F－117 安装了角反射器以增大雷达截面，角反射器就在机徽之后。

安装了角反射器的 F－117

风光不再   "夜鹰"就要进"坟场"

2005 年 12 月，美国国防部计划从 2008 年开始提前退役 F－117
隐身战斗机，以节省经费，为美空军钟爱的 F－22 "猛禽" 战斗机
项目申请更多经费创造条件。据报道，这份仅 14 页的预算文件主
要规划美空军 2007—2011 年间重大装备经费项目。美空军的 F－
117 隐身战斗机从 2008 年开始逐步退出服役，比原计划的 2011 年
开始退役提前了 3 年。此外，美空军的 U－2 高空战略侦察机在
2011 年前分阶段全部退役。文件还要求削减 B－52 战略轰炸机的装
备数量，计划从 94 架削减到 56 架。退役和削减这三种机型能为美
空军节省 151 亿美元，再加上列入削减名单的 C－21 运输机等其他

飞机，美空军可以通过削减战机数目节省 164 亿美元。在削减这些有过辉煌历史的战机的同时，美空军也表现出了对新生代战机的青睐。预算文件同意为美空军的 F－22"猛禽"隐身战斗机项目再投入 10 亿美元，以采购 4 架该型战斗机，使其装备总数从原先的 179 架增加到 183 架。至于为什么要淘汰 F－117，美空军这样解释：F－117 名为战斗机，但其毫不具备空战能力，充其量也就是一个轻型轰炸机。F－22 的隐身性能是 F－117 的 2 倍，生存能力比目前的常规飞机提高 18 倍，作战效能是 F－15 战斗机的 3 倍。这意味着 F－117 所能执行的任务 F－22 可以全部替代。另一方面，F－117 作为第一代隐身战斗机，美空军在开始研制时就把它定义为隐身作战的初步尝试，并没有赋予它更多的使命。F－117 开辟了隐身战斗机的先河，领导世界军事进入了隐身时代。它已经光荣地完成了使命。随着新一代隐身战斗机的相继问世，F－117 的退役应该是必然的。

2006 年 9 月，洛克希德·马丁公司获得"全系统支持合作 II 计划"价值 14 亿的合同，为 F－117"夜鹰"隐身攻击机提供持续后勤支持。美空军计划退役 F－117 以购更多 F－22A 隐身战斗机。位于俄亥俄州空军基地的司令部航空系统中心签署了该合同。该合同从 2005 年 12 月开始协商，2006 年 9 月完成商议，预计于 2012 年完成全部工作。目前，合同的具体交付和数量细节还未确定。合同主要采用成本加奖励费用合同的形式，与此同时在单个分发订单时也会根据需要采用成本加固定费用合同，严格固定价格合同以及时间和材料合同形式。需要单个分发订单的部分可能包括飞机修正感应、改变建议行为、追加维持支持、定制航空站工作包以及飞机部署。

据五角大楼空军女发言人米歇尔·莱上校表示，退役的 F－117A 战斗机中有 1 架将会移交给博物馆，作为空军战机隐身科技革新的标志，其他大部分退役后将被送往亚利桑那州图森市附近的戴维斯·芒森空军基地的飞机"坟场"。

链接：　"臭鼬车间"飞出隐身飞机

科索沃战争是上个世纪末的一场战争。如今科索沃的硝烟已经散尽，但是，科索沃战争留下了许多让人回味的东西。在北约对科索沃的空袭中，最让人记忆犹新的是：南联盟的防空部队在塞尔维亚上空击落了一架美军的 F－117 隐身战斗机。这是到目前为止，F－117 唯一被击落的一架。

F－117 是美国人不断炫耀的一种高技术战斗轰炸机，F－117A 是美国空军的"王牌"，也是目前世界上最先进的战斗机。F－117 的绰号叫"夜鹰"。它是世界上第一种隐身战斗机，是美国洛克希德飞机公司的得意之作。有军事评论家说：飞机的诞生是 20 世纪初的伟大发明，隐身武器的出现是 20 世纪末的重大发明。美军的 F－117A 隐身战斗轰炸机是隐身飞机的一个代表。在 F－117A 诞生之前，美军还研制了具有隐身性能的飞机：U－2、SR－71。最引人注目的是，上面提到的这几种飞机，都出自一个地方——"臭鼬车间"。

那么，"臭鼬车间"到底是一个什么样的车间？隐身飞机又是怎样诞生的？让我们走进"臭鼬车间"去看一看吧！

"臭鼬车间"研制出了"香饽饽"

"臭鼬车间"其实并不是一个车间，它是美国一家飞机设计研究所的名字，这家飞机设计研究所在美国的航空航天界最负盛名，它隶属于美国的洛克希德公司。

臭鼬又叫鼬鼠，俗名就是黄鼠狼。难道研制飞机和臭鼬这种动物有什么关系吗？原来，这个研究所在研制飞机的时候，一直处于一种高度保密的状态，甚至技术人员的亲朋好友也不知道他们在里面干什么，再加上创业之初，技术人员是在一个帐篷里进行研究工作，帐篷附近有一个塑料工厂经常发出阵阵臭气，人们误以为臭气是从研究所的帐篷里发出来的，联想起美国的一个很出名的卡通连环画故事——用旧鞋、臭鼬搅拌制造美酒的露天作坊。从此，这个研究所被戏称为"臭鼬车间"。

"臭鼬车间"一开始只是在研制战斗机。1975 年的一天，"臭鼬车间"的一个工程师带着一份论文和他自己的灵感，来到了研究所主任约翰逊的办公室。论文的作者并不是这位工程师，而是前苏联的一位无线电工程首席科学家。尽管这篇论文写得平淡、深奥，但是约翰逊还是从中感到了它的分量，这篇论文通篇都在讲述如何使飞机在雷达荧光屏上变得小而又小。就是这篇论文使"臭鼬车间"开始转向隐身技术的研究。

让飞机隐身，说起来容易做到难。在此之前，"臭鼬车间"已经研制了 U－2、SR－71 两种有隐身效果的侦察飞机，但是这两种侦察机的隐身效果并不理想。现在要研制一架隐身的战斗机，这可不是轻而易举的事情。美国的这位工程师说："我们可以把一架飞机分解成数千个平面三角形，把它们在雷达荧光屏上的标记累加起来，就可以得到精确的雷达横断面的总和。"用这种"化整为零法"设计出来的隐身飞机，很快就出现在了图纸上。这就是 F－117A 的雏形。

"臭鼬车间"设计的这种全部用三角形组成的隐身飞机，成为世界上第一架全隐身飞机，有人把这种设计称为钻石设计，所以有人把这架飞机叫做"希望钻石"。在设计研究所召开的一次讨论会上，研究所的一位设计师对隐身效果提出了疑问，他指着图纸说："如果我们按照图纸制造一架战斗机，它在雷达上的信号会是一个什么样子？是一只小鸟还是一架教练机？"

"它应该既不是小鸟，也不是教练机，而是无穷小！"研究所的主任说，"我们现在进行的是一次革命性的设计，隐身飞机在雷达上的信号应该只有小鸟的眼睛那么大。"

"这是不可能的！"当即就有人这么说，"三角形组成的飞机，阻力很大，它的速度一定很慢，就像 18 世纪的老汽车。这个丑家伙永远都不会飞起来。"

"我们不能在图纸上争论，我们必须造出一架模型飞机来，用中国人的俗语说，是骡子是马，拉出来遛一遛。"主任说。

很快，一架模型飞机制造出来了，这架模型飞机和一架遥控侦察机的模型一同放进了电磁实验室。遥控侦察机模型的隐身效果在当时来说已经是很好的了，可是，试验结果表明，隐身战斗机的模型比遥控侦察机的模型隐身效果还要高出几百倍。

"这并不能说明全部问题，这只是一次室内的测试，还应该让它到室外去，让雷达来看一看它。"有人提议说。

雷达的测试是必不可少的。"臭鼬车间"的人们用一根几米高的木杆，把隐身飞机的模型支在了空中，一部雷达车对它进行扫描。开始，雷达车距离模型 100 米，雷达的荧光屏上清楚地显示着模型的信号。雷达车不断地向后倒退，坐在车里的雷达操纵员和设计师们都目不转睛地盯着荧光屏，当雷达车距离飞机模型大约 600 米的时候，雷达操纵员对设计师们说："请去检查一下你们的飞机模型，看一看它是不是掉在了地上，因为它的信号在雷达上消失了。"

一位设计师打开雷达车的车门，向目标处张望，只见飞机模型安然无恙，高高地立在那里，他说："模型纹丝不动。"这时恰好有一只乌鸦落在了飞机模型上。

"哈，我测到它了！"雷达操纵员高兴地说。

其实他测到的只是那只乌鸦，根本不是隐身飞机的模型。看来这个"丑家伙"的隐身效果还真不错。

破灭的神话

经过几年的努力，第一架隐身战斗轰炸机的技术验证机诞生了，这架飞机被命名为"海佛蓝"。1977 年 12 月 1 日，"海佛蓝"

在格鲁姆莱克空军基地进行第一次试飞，试飞员叫比尔·帕克，他是美国空军的首席试飞员，当它谈起那次试飞的情况时说："那是我开过的最丑陋的飞机！我当时认为那种三角形的不透明座舱是很不吉利的。"后来他才知道：三角形的座舱上的玻璃，是用特殊材料制作的，任何雷达也检测不到他头上戴着的头盔。

座舱近景

那天，比尔·帕克很轻松地踏进座舱，人们无法知道他内心深处复杂、紧张的心情。为了保证隐身的效果，要求飞机在起飞时不能打开加力，所以飞机滑跑的距离很长。这架飞机的速度的确很慢，比尔·帕克把油门开到最大，直到跑道的尽头，他才把飞机拉

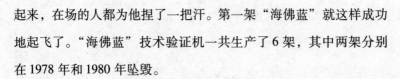

起来，在场的人都为他捏了一把汗。第一架"海佛蓝"就这样成功地起飞了。"海佛蓝"技术验证机一共生产了 6 架，其中两架分别在 1978 年和 1980 年坠毁。

1981 年，"海佛蓝"被正式命名为 F－117A，绰号"夜鹰"，随后开始正式生产，1982 年开始正式装备部队。1990 年 F－117A 正式停产，美国空军一共接收了 57 架 F－117A 隐身战斗轰炸机。

值得一提的是，F－117A 的保密工作做得非常好，美国空军正式装备 F－117A 六年之后，才向世人公布这种飞机的存在。开始，人们把这种飞机猜测为 F－19，甚至有人还推测出了这种飞机的外形，可是，在 1988 年 11 月 10 日美军第一次公布 F－117A 的照片时，人们看到的是一架由多面体组成的飞机，这样的飞机能隐身吗？人们的头脑中产生了许多问号。直到 1989 年的 12 月 21 日，F－117A 参加了美军对巴拿马的军事行动，向巴拿马的一个兵营投掷了两枚激光制导炸弹，人们才真正看到了它的作用。在海湾战争中，是 F－117A 向伊拉克的防空指挥控制中心投下了这次战争的第一枚炸弹。在整个海湾战争中，共有 42 架 F－117A 参加战斗，出动了 1300 多架次，投弹 2000 多吨。尽管 F－117A 在海湾战争中出动架次只占整个轰炸架次的 2%，但是它却轰炸了 40% 的目标。

03 台湾的"神鸥计划"揭秘

◇ ···············

2006 年年末，台湾海峡的另一侧出现了一个很值得关注的新动向：台湾岛上的"桃园机场"更换了"主人"，这个机场从 2006 年 11 月 1 日开始将不再由台湾空军使用，台湾海军开始接手管理和使用这个机场。有消息说，台湾海军的 12 架 P－3C"猎户"反潜机即将进驻这个机场。

"桃园机场"一直是由台湾空军使用，至今已经有半个世纪了。很多读者都从报刊上和各种媒体中听到过"桃园机场"这个名称。"'桃园机场'是一个国际机场，两岸的春节包机就曾经在这里降落过。"有人这样说。还有人提出了疑问：P－3C"猎户"反潜机进驻这个机场目的是什么？"猎户"到底要"猎"什么？这几个问题很值得说一说。

桃园国际机场

"桃园机场"有几个？

其实有的读者误读了"桃园机场"这个名字，"桃园机场"并不是两岸春节包机曾经降落过的机场，这个"桃园机场"和"桃园国际机场"是两个不同的机场。"桃园国际机场"是20世纪70年代台湾建设的一个新机场，1979年2月26日首度启用，是当时亚洲最现代化的几个国际机场之一。而"桃园机场"是一个"历史很长的机场"，它被台湾军方称为"桃园空军基地"。

为了揭开台湾军队对"桃园机场"驻军进行调整的秘密，我们不妨走进"桃园机场"，看看这个机场的"里里外外"。

如果现在你就站在一幅中国地图的面前，你只要找到东经

台湾"桃园"地理位置

121°14′5″、北纬25°3′3″，这里就是"桃园机场"。它地处台湾岛西岸北端，距台湾省桃园县西北约8千米，距离厦门市323千米，距离福州市226千米。占地面积9.2平方千米，海拔高度44.8米。机场周围地势比较平坦，机场附近有不少池塘和水田。"桃园机场"可以容纳战斗机150架左右，最长的飞机跑道为3千米。我们再看看"桃园国际机场"的经纬度。"桃园国际机场"的坐标为：东经121°13′26″，北纬25°4′35″。从经纬度上看，两个机场相距不远。

在2006年11月1日之前，台湾空军在"桃园机场"的兵力有：第5飞行大队和第12侦察机中队，主要作战飞机有40多架

台湾 F–16

F－16A/B"战隼"战斗机，10 架 RF－16 侦察机。现在我们可以看到台湾海军的 S－2T 反潜机开始在这个机场上起降，却看不到 F－16 的身影。原来这是台湾海军为了 P－3C"猎户"反潜机的到来进行的一系列训练。台军现有的 S－2T 反潜机由于服役时间过长，机载电子设备及反潜作战能力已不能满足需求，基本处于"无所作为"的状态，作为训练飞机倒是一个不错的选择。

"猎户"能猎到什么？

P－3C"猎户"反潜机到底有多厉害？它能"猎"到什么？这是很多人都很关心的问题。顾名思义，P－3C"猎户"反潜机主要

P－3C"猎户"

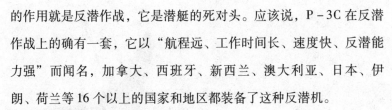

的作用就是反潜作战，它是潜艇的死对头。应该说，P-3C在反潜作战上的确有一套，它以"航程远、工作时间长、速度快、反潜能力强"而闻名，加拿大、西班牙、新西兰、澳大利亚、日本、伊朗、荷兰等16个以上的国家和地区都装备了这种反潜机。

"猎户"是一种以陆地为基地的反潜飞机，1962年8月，洛克希德公司制造出数架P-3A，交付给马里兰州派特森河美国海军基地。这些早期的"猎户"曾在1962年10月及11月的古巴导弹危机时，参与了美国对古巴的海空封锁任务，以阻绝前苏联利用军舰或是经过伪装的商船运送军事装备到古巴，这是"猎户"首次执行监视海洋任务。P-3"猎户"在执行猎潜任务时必须在距离海面300米至90米的低空飞行，才适合机组人员监视海域，进行猎潜工作，这时P-3的速度很慢，再加上它的机身庞大，所以遭到海面敌方舰船的攻击机会也会增大。为了避免遭到敌方的攻击，P-3可以投放声呐浮标，使P-3可借助声呐浮标在高空监控相应的海域。位于P-3机腹后段中央有48个压力式声呐浮标发射器（孔），采取后倾式设计装置，以防止飞机在抛射声呐浮标时，因飞机向前飞行的惯性错过目标区。将声呐浮标抛射至可疑目标区的海面后，机上的声呐员可借助声呐浮标传回来的讯号判别在海中潜艇的方位，并能判别是柴电潜艇还是核动力潜艇，甚至一些有经验的机组人员还能直接判别出是何种型号的潜艇。据说，有一位前苏联的海军将军曾经对P-3的性能大加赞赏，他说："如果我需要了解我手下的潜艇的位置，我可以很放松地坐在指挥室里，只要看一看'猎户'反潜机在哪个海域里活动就会明白一切了。"有P-3C的海域

P-3C "猎户" 细部图

就会有苏联的潜艇出现，P－3C简直就成了苏联潜艇的空中标志，足见"猎户"的厉害。

P－3"猎户"的设计非常豪华。执行一般任务时"猎户"需要十多名乘员，它那巨大的机身里为这些乘员设计了一个电气化的厨房和一个大型的乘员休息室，执行任务的乘员可以轮流在休息室里休息。厨房里可以为乘员提供热咖啡和其他食品。有了这样舒适的生活条件，飞机就可以在空中进行长时间的飞行。

美军看到了P－3反潜机的作战潜力，于是开始不断地对P－3进行改进，其中比较常用的型号有：P－3B、P－3C等。P－3C这个型号是1969年才开始在美军中服役的改进型，它的最大特点是改装了"埃钮"系统，这个系统的核心是一套数字计算机系统，"埃钮"系统能综合所有的反潜信息，并进行数据复现、显示、传输。P－3C配备先进潜艇探测传感器，例如定向与测距浮标和磁异常探测设备。航空电子系统是综合通用数字计算机，可向机上所有战术显示屏、监视器提供数据，自动发射弹药以及向飞行员提供飞行信息。此外，该系统可以整理导航信息并接受声呐数据，将其输入战术显示屏并保存。P－3C能够在机内和翼下挂架混合挂载武器装备。

"神鸥计划"并不神

台湾军方购买反潜机的计划被称为"神鸥计划"，其实这个"神鸥计划"一点也不神。台湾购买反潜机的计划由来已久，早在

2004 年台湾向美国购买固定翼反潜机时"神鸥计划"行动已展开，这个计划购买的反潜机并非是 P－3C，而是 P－3B，因为 P－3C 实在太贵了。P－3B 早在 1960 年就开始在美军中服役，至今已经是"高龄"反潜机了。"神鸥计划"打算购买 12 架 P－3B 反潜机，然后进行性能改进，升级为更先进的 P－3C。为了实现"神鸥计划"，台湾着手评估台湾厂商的改装能力，计划优先在台湾进行反潜机性能提升工程。据报道，"神鸥计划"总采购额高达 400 亿元台币，其中 286 亿元为性能提升费用，为利用军购商机促进台湾产业发展，军方准备对当地相关企业进行能力评估。P－3B 改装和性能提升分为导航、电子、动力、结构、通信五大部分，由美国洛克希德·马丁公司负责系统设计整合，在美国进行性能提升改装工程，但如果台湾厂商的能力可配合，后期会在台湾施工。台湾的航空工业厂商，包括华航、长荣、汉翔、亚航四家，都有大型维修、制造厂房，足以容纳 P－3B 的改装工程所需空间，这些厂商也参与过战斗机和直升机性能改装升级。P－3B 升级为 P－3C 后，不但可连续飞行 12 个小时，巡航半径也将增加，机上还改装先进航空电子设备，同时机龄也可再延长 15 年以上，大幅提升军队反潜能力。

"神鸥计划"是一个修修补补的"笨鸟计划"，因为台湾军方并不认为 P－3 有多么先进，对于一个历史悠久的老机型来说，必须经过改进才行。日本的海上自卫队就已经盯上了美国的新一代反潜机 P－8，而台湾花了大价钱却还停留在 P－3B 的时代，台军当然不满意。于是台湾军方向美国方面提出了要求：台军购买的 P－3B 外表上要焕然一新，也就是说升级后的 P－3C，它的机翼必须是全新的，机体也要是全新的。而且改装后的 P-3C 要能加挂台湾研制的空对地导弹、具有反潜及对地作战能力，还要将其中的 2 架 P-3C 反潜机改装为 EP-3 电子侦察机。最重要的一项改进是使 P-3C 反潜机上的人员能够从敌防空区外发射鱼雷，使机组人员及飞机的生存性大大提高，而改装前的 P-3 必须下降到低空才能投放 MK54 鱼雷。美方还要保证 P-3C 反潜机 20 年的后续服务，台湾厂商必须参与总经费 70% 的工程，这样可以保证自己的军工企业"可持续发展"。台军期望改装后的 P-3C 成为世界上先进的岸基反潜机，它的武器系统要很强大，机腹底下的武器舱及机翼下的 10 个挂架，可携带鱼雷、深水炸弹、水雷、火箭、"渔叉"导弹等武器，还可以携带各种声呐浮标、水上浮标、照明弹等装备。P-3C 的活动半径可以达到 3835 千米，这样长的活动半径可以将台湾岛以北的日本琉球群岛到南中国海的整个台湾岛周边海域都覆盖。这样的改装升级计划，甚至比 P-3C 的要求还要高。

改装后的 P-3C 真的能够达到这样的技术指标吗？美国人拍了胸脯，下了保证，可是台军的心中还是没有底。不过，台军也有自己的如意算盘：在购买的"基德级"导弹驱逐舰（主要用于反潜作战，经过改装的"基德级"导弹驱逐舰防空、反舰和反潜能力都得到了增强）开始服役之后，配上 P-3C 反潜飞机，这样形成"空海一体化"，台湾海军将会"蛟龙出水"，扩大作战纵深，"得以走向大洋作战"。如果台湾海域爆发战争的话，P-3C 反潜飞机配合"基德级"导弹驱逐舰，还有助于突破对台湾实施的"潜舰封锁"。尽管 P-3C 并非最先进的反潜机，但是在战争中，使用一架 P-3C 对付一艘潜艇，P-3C 的能力还是绰绰有余的；如果使用 2 架 P-3C 对付一艘潜艇，那么潜艇就毫无优势可言。作为一种可执行搜索和攻击潜艇任务的飞机，P-3C 可用于反潜警戒巡逻，协同其他兵力构成一条反潜警戒线，引导其他反潜兵力或自行对敌方潜艇实施攻击。它的最大作战半径为 3835 千米，由于台湾四面环海的地理特点，拥有这样的反潜飞机对于台湾来说具有极其重要的军事战略意义。这也就是台军在"桃园机场"配置 P-3C 的重要原因。

04　　　"鹰狮"到底得了什么"病"

◇ ⋯⋯⋯⋯⋯

　　"鹰狮"战斗机得"病"了。瑞典空军的一位官员在 2004 年 1 月 23 日向外界透露说：JAS39"鹰狮"战斗机存在某些技术问题，导致该型战斗机无法在夜间和多云气象条件下使用。据瑞典的飞行员反映："鹰狮"战斗机配备机载雷达在过去两年中至少有 10 次自动停止使用，妨碍了战斗机的导航功能使用，致使"鹰狮"战斗机飞行使用受限。

　　雷达是战斗机的眼睛，"眼睛"出了毛病，战斗机作战、训练都是要大打折扣的。这是怎么回事？难道"鹰狮"战斗机真的会"一病不起"吗？为了摸清"鹰狮"的"病"情，我们不妨先来看看它的身世——

"混血儿"成为"马路天使"

瑞典人"投机取巧",实行"拿来主义"设计自己的战斗机。"鹰狮"战斗机的发动机是"拿来"美国的产品,辅助发动机是从英国"拿来"的。"鹰狮"战斗机安装的机关炮也不是自己设计生产的,而是德国和法国合作的产品。"鹰狮"战斗机挂载的武器也不是自己生产的,"鹰狮"翼尖上挂载的 AIM-9"响尾蛇"导弹来自美国,翼下挂载的"天空闪光"中距空空导弹来自英国。但是,火控系统是他们自家研制的。这样看来,"鹰狮"是一个地地道道的"混血儿"。

瑞典是一个欧洲国家,面积不足 45 万平方千米,人口也只有 900 多万,现役军人大约 7 万人,其中空军人数仅有万余人。瑞典的国土狭长,公路交通十分发达,而且公路的质量非常好,许多路面都是用硬材料铺设的,有近一半的公路可以作为飞机的跑道起降战斗机。我们知道,飞机离不开机场和跑道。战争时期,敌对双方都把对方的机场和跑道作为攻击的主要目标,机场的跑道一旦被炸,飞机就无法起降。但是,瑞典的战斗机可以不依赖机场和跑道,能从公路上起降。人们给这种飞机取了一个十分形象的名字:马路天使。瑞典军方要 JAS39 超音速战斗机能在公路跑道上起降,并能以超音速进行截击,还能携带一定数量的武器完成对地攻击任

JAS39C "鹰狮"

务和照相侦察任务。这就是一机多用的设计原则。瑞典军方还要求新一代 JAS39 可以在所有高度上实现超音速飞行，能够执行瑞典所有的防卫任务，并且要求这种战斗机的维护和保养工作非常简单。"鹰狮"战斗机就是在这种背景下诞生的。

JAS39 "鹰狮" 在研制改进中十分重视提高该机的再次出动率。一般情况下，"鹰狮" 由一名机械师和五名机械员组成的维护保养小组进行维护，在执行空战任务的再次出动时间缩短为 10 分钟，执行对地攻击任务的再次出动时间缩短为 20 分钟。在研制中充分考虑了瑞典空军在战时的疏散使用原则，能在数量众多的公路跑道上起降。

JAS39 "鹰狮" 战斗机受到许多国家的青睐，南非和匈牙利空军已经购买了 "鹰狮" 战斗机。捷克共和国在 2003 年 12 月决定：不采用美国洛克希德·马丁公司提供的 F－16 战斗机，而是租借 14 架新 "鹰狮" 战斗机，租期为 10 年。目前巴西空军正在考虑购买 "鹰狮" 战斗机。

努力飞进第四代战斗机行列

尽管 JAS39 "鹰狮" 的雷达系统出了故障，但是瑞典航空公司的一位技术负责人说："'鹰狮'的这些故障是战斗机发展中的正常阶段，'鹰狮'的一些技术问题正在被纠正。"

"鹰狮" 是西欧 "三代半" 战斗机中重量最轻、尺寸最小、最

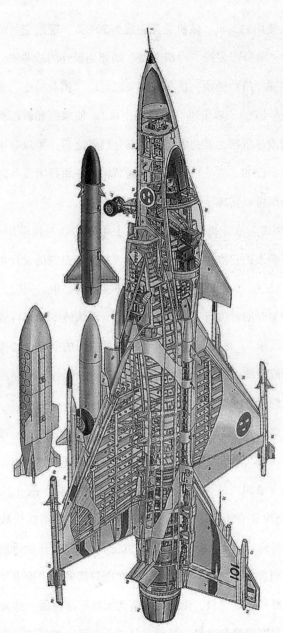

JAS39 "鹰狮"细部图

早投入使用的飞机。该机总订购数为 204 架，现已交付的数量超过 50 架。"鹰狮"是按"一机多型"的原则设计的战斗机。什么叫一机多型呢？简单地说，就是一架飞机可以"摇身一变"成为截击机（又叫战斗机）、攻击机（又叫强击机）、侦察机和教练机。也就是说，当战斗机换上某些零部件和部分设备之后，可以分别执行不同的任务。比如，战斗机换上红外线照相设备和照明设备之后，就变成了一架可以实施全天候侦察的侦察机。

"鹰狮"战斗机是首先在世界上服役的新一代多用途战斗机，虽然很多人把它称作"三代半"战斗机，但是它的设计可以满足直到 21 世纪前 20 年针对所有空中威胁提出的要求，同时，它还可以满足和平时期对飞行安全性、可靠性、训练效率和运行成本所提出的严格要求。"鹰狮"战斗机将装备可收回的空中加油探管、先进的电子战系统、机载氧气产生系统、英语全彩色座舱显示系统以及符合北约标准的通信设备。

瑞典自称 JAS39 是世界上第一种第四代战斗机（一般人们都把这种"鹰狮"称为"三代半"战斗机）。为了名实相符，让 JAS39 真正成为第四代战斗机，也是为了增强"鹰狮"战斗机的出口潜力，JAS39 正在不断进行改进。"隐身能力"是第四代战斗机的一个显著特点，由于 JAS39 是在 20 世纪 80 年代初开始研制的，当时并没有刻意考虑隐身问题，所以现在也只能采用"折中"的隐身措施，主要是在进气口、座舱盖和雷达天线等部位做一些修改，以达到一定程度的隐身效果。目前，公司还在研究如何进一步降低该机的雷达信号特征值问题，采用武器内挂方案也在研究之列。但这不仅会导致该机的尺寸和重量增加，价格也会随之提高。由于其机体尺寸较小，因而从隐身角度来讲是有利的。"鹰狮"战斗机瞄准国际市场上米格-21、米格-23、"幻影"F.1等第二代战斗机需要更新换代的国家，在出口型上进行了许多改进，包括新型座舱（采用彩色多功能显示器）、改进的发动机和雷达以及可选红外搜索与跟踪系统。另外，出口型上还将选装空中加油探管、北约式武器挂架及英语指令系统等。

飞向未来的"鹰狮"

"鹰狮"战斗机并没有因为雷达问题而"裹足不前"。

"鹰狮"战斗机具有良好的多用途能力，能够适用于执行空战、对地攻击和侦察多种任务，并能在执行某种任务的过程中更改任务模式。这对于提高部队的快速反应能力是十分有利的。机上装有空对空战术信息数据传输系统，它能在飞机间以及飞机与海基、地基的探测装置间进行实时的信息传输。这个系统对提高机队的作战能力和快速反应能力有重要作用。机上装有一套任务计划系统，可由飞机探测系统收集到的信息自动对数据库进行修正，还可通过利用与其他飞机相连的数据链来提高其效能。飞机的信息收集能力有利于缩短任务周期时间，以提高飞机出动架次数。

作为目标，"鹰狮"战斗机正在为争夺2010—2020年世界战斗机市场作准备。近10年，世界上许多国家装备的第三代战斗机陆续退出现役。为了占领这个市场，瑞典的航空公司正在对JAS39进行一系列重大的改进。最重要的四项改进有：

(1) 采用推力矢量系统，以提高飞机的机动性和作战效能。

(2) 选用推力更大的发动机。

(3) 减少雷达和其他外部特征，增强飞机的隐身性能。

(4) 改装一部主动式相控阵雷达、下一代红外搜索与跟踪系统、电子支援系统及数据链。

JAS39D "鹰狮"

　　JAS39 "鹰狮" 在设计上对减轻飞机重量是相当重视的，"鹰狮" 在未来的改进中，将进一步采用碳纤维复合材料。

　　瑞典方面还在投资进行先进的电子扫描雷达的研制工作，最终将取代多模式脉冲多普勒雷达；具备挂装下一代超视距空空导弹的能力；采用下一代座舱人机界面，包括采用大屏幕显示器和先进头盔显示器；要进一步降低维护和使用费用。

链接：战斗机的"奇装异服"

　　战斗机是空中的武器平台，一般的情况下，战斗机都穿着一身银白色的"外衣"，这是因为银白色很容易与天空融为一体，人们用眼睛不容易发现它。

　　但是，也有一些战斗机却不穿银白色的外衣，他们穿着五颜六色的"奇装异服"，现在就让我们来看一看这些让人眼花缭乱的"奇装异服"吧！

　　我们都知道，在遇到重大节日的时候，人们总是要换上一身漂亮的衣服，以示庆贺。也许你并不知道，在遇到庆典的时候战斗机也要换上漂亮的外衣呢！世界上有不少国家的空军在庆祝本部队组建若干年的时候，选出一两架战斗机，给它穿上节日的"彩衣"，庆祝部队的节日。这样的"彩衣"就是战斗机的"礼服"呢！各国的飞行表演队在进行飞行表演的时候一般都要穿上"彩色的礼服"，在观众面前一展风姿。

　　其实，在平时有许多战斗机也穿上一身"彩衣"，这些外衣是根据作战的需要而变化的，就像我们穿的迷彩服一样。战斗机的迷彩服是十分讲究的，要根据作战地域和季节的变化而穿不同的外衣。比如：在我国南方的夏季和秋季，战斗机的地面伪装色是一种绿色加上黄色的涂装，而在我国西北的沙漠地区，就应该以土黄色为主了。经过大量研究，人们发现，在高空和海洋上空作战时，作战飞机应该穿上浅灰色的外衣，这种色彩最容易迷惑敌方飞行员的视觉。

在海湾战争期间，美军派出了大批作战飞机，飞赴沙特阿拉伯的空军基地。出发前，地勤人员为战斗机换装，给战斗机换上了黄色的迷彩装，遮住了原来的颜色。这是因为，海湾战争的战场大多在沙漠地区，土黄色便于躲避敌机的空中侦察和来自空中的袭击。

上面我们谈到的战斗机的"迷彩服"主要是指战斗机的背部的涂装，那么，战斗机的机翼下面和机身的腹部穿上什么颜色的"外衣"好呢？人们从地面观察天空中飞行的战斗机，一般都是以蓝天作为背景，所以战斗机的腹部涂上浅蓝色，人们只凭眼睛就很难把战斗机和蓝天区别开来。世界上有一些国家把蓝色的涂装作为战斗机的腹部涂装。

近几年，一些研究战斗机迷彩涂装的科学家，采用了更新奇的办法。他们给战斗机"穿上"深色、大小不一、由不规则的几何图形组成的迷彩"外衣"。如果在战斗中，敌方发现了穿上这种迷彩"外衣"的战斗机，机身上这些不规则的几何图形，就会把视觉分成许多块，使敌人误认为是别的飞行物，而不会把它当做一架战斗机。

　　还有人建议，在战斗机的背部再画上一架小型的战斗机图案，或者在战斗机的背部画上一个座舱，这样，敌方的飞行员和侦察机就很难准确判断情况，造成他们的视觉错误。

　　看来，给战斗机穿上一件什么样的"外衣"，看似简单，细说起来还大有学问呢！

05　隐身武装直升机下马之谜

◇ ·············

　　美军的"科曼奇"武装直升机"死了"，它是在孕育中"死去"的。有人说它是"胎死腹中"，其实它已经成型了，它先后有四款研制型机（原型机）升上天空，美军最初计划需要几千架"科曼奇"。

　　1996 年，当第一架"科曼奇"原型机问世后，"科曼奇"的制造商波音公司和西科斯基公司信心十足，他们非常看好"科曼奇"的发展前景，当时波音公司的老总带着几分炫耀几分自豪说，"科曼奇"的作战效果已经"超过了我们所有人的预期"，它不仅是美国陆军航空兵现代化计划中的"中流砥柱"，还是美军实现快速反应部署和灵活打击能力所需的先进武器系统之一。美国军方"科曼奇"的首席试飞员也出来作证说，虽然"科曼奇"上装备了各种先进的电子设备，但整机的可靠性并没有下降。一时间，"科曼奇"成为一颗即将升起的武装直升机的"明星"。

可是就在它准备"呱呱坠地"之时，一件意想不到的事情发生了：2004年2月23日，美军宣布，取消生产新一代直升机 RAH－66"科曼奇"的计划。这是美军有史以来取消的最大的武器研制项目之一。

RAH－66"科曼奇"

美军的"科曼奇"武装直升机研制耗时21年，耗资将近80亿美元。这是一个庞大的新型武器研制计划，这个计划被罩上了许多耀眼的光环。现在我们就来看看：

"科曼奇"头上有多少光环？

21岁对一个人来说已经是一个"大小伙子"了，可是对于一种武装直升机来说，它还处在"孕育期"，所以有人说，RAH－66"科曼奇"的"孕育期"过于漫长。这是因为，在这21年的"孕育期"中，美军曾经几次想让它"流产"，但是，因为"科曼奇"的头上被罩上了种种光环，而不得不让它继续发展。

光环之一：隐身效果胜过F－117

有人把RAH－66"科曼奇"叫做直升机家族中的F－117。这虽然是一个比喻，但是从这个比喻中可以看出RAH－66"科曼奇"的确有不同寻常的隐身能力。有人说RAH－66"科曼奇"是直升机家族中第一种隐身直升机，也是唯一的"隐身者"。可以这样说，隐身能力是"科曼奇"最具特色的"光环"。

的确，RAH－66"科曼奇"有不少突出的隐身设计。

我们知道，世界一些国家在研制新型武装直升机的时候，都把隐身效果作为研制的一个方向。比如，美军的AH－64的发动机排气管就采用了绰号"黑洞"的红外辐射抑制装置，法国和德国联合研制的"虎"式武装直升机，也采用了一些隐身设计。

RAH－66"科曼奇"采用的是整体的隐身设计：它的机身采用了类似F－117的多面体圆滑边角设计，减少直角反射面，并采用吸波材料；它的发动机进气口经过精巧设计，开口呈缝隙状，进气道曲折，避免雷达波照射到涡轮风扇上产生大的回波；它的排气管采用了复杂的降温、遮掩设计，排气辐射量极小；它采用了美国直升机设计中少有的涵道风扇尾桨设计，雷达反射回波比传统尾桨要

RAH-66 "科曼奇" 直升机

少；它的武器主要内装在机身两侧弹舱内，发射时伸出发射，需要时也可以加装短翼，外挂弹药。它除采用了 B-2 轰炸机和 F-117 这两种飞机的隐身技术外，还采用了专为 RAH-66 研究的新技术。

RAH－66"科曼奇"减小雷达反射截面积的另一项外形设计措施是，采用内藏式导弹和收放式起落架。RAH－66最多可携带14枚导弹，其中6枚挂装在具有整体挂梁的可关闭舱门上，平时舱门关闭，发射时打开。内藏式导弹舱在直升机上是首次采用。20毫米口径的"加特林"转管炮能形成较大的雷达反射截面积，所以它被设计成能在水平面内转动180度，并向后收藏在炮塔的整流罩内。悬挂武器或副油箱用的短翼可拆卸，在执行武装侦察等只需携带少量武器而要求高隐身的任务时，可拆掉短翼。后三点式起落架是可收放的，收起后有起落架舱门关闭遮挡，可减小雷达反射截面积。

为减小雷达反射截面积，RAH－66还广泛采用了复合材料，其所用复合材料占整个直升机结构重量的51%。而美国军用直升机UH－60"黑鹰"所用的复合材料才占9%。有人说RAH－66"科曼奇"是目前世界上使用复合材料最多的实用直升机，这话并不过分。如果你走进"科曼奇"，你就会看到，在"科曼奇"的机体结构中使用复合材料的有蒙皮、舱门、桁条、隔框、中央龙骨盒梁结构、炮塔整流罩、涵道尾桨护罩、垂直尾翼和水平安定面；在旋翼系统中使用复合材料的有挠性梁、桨叶、扭力管、扭力臂、旋转倾斜盘、套管轴和旋翼整流罩；在传动系统使用复合材料的有传动轴和主减速器箱。所用复合材料有韧化环氧树脂、双马来酰亚胺树脂、石墨纤维、玻璃纤维和凯夫拉纤维等。

RAH－66"科曼奇"直升机还可加装雷达干扰机，它可迷惑探测雷达。这种雷达干扰机能将探测雷达发射的雷达波变为脉冲信号，同时还能测出"科曼奇"直升机在当时条件下的反射数据，并发射出假回波，从而达到使探测雷达失去目标的目的。

RAH－66"科曼奇"的雷达反射特征信号低，使用低功率干扰机即可，这就减轻了干扰机的重量及费用。不像 AH－64"阿帕奇"那样，需要较高功率的干扰机。

RAH－66"科曼奇"直升机的雷达反射截面积比目前其他任何直升机的都小，仅为他们的 1%。这么好的隐身性能主要是它采用了可隐身的外形，广泛使用了复合材料和雷达干扰设备才具有的。

RAH－66"科曼奇"机头光电传感器转塔为带角平面边缘形状，有消散雷达反射波的作用。机身侧面由两半平面转角构成，这就避免了圆柱体和半球体机身那种强烈地全向散射雷达波的弊病。尾梁两侧有圈置的"托架"，可偏转反射掉雷达波，使雷达波不能返射回探测雷达。尾部的涵道后桨向左侧倾斜，尾桨上的垂直尾翼向右侧倾斜，它的上面安装水平安定面。这种结构不会在金属表面之间形成具有 90 度夹角的、能强烈反射雷达信号的角反射器。普通直升机的正面，进气道像角反射器那样，是较强的雷达反射体，而 RAH－66"科曼奇"直升机的两台发动机包藏在机身内，进气道是安装在机身两侧上方悬埋入式的，而且进气道呈棱形，不会对雷达波形成强反射。旋翼桨毂和桨叶根部都加装了整流罩，形成平缓过渡的融合体，也可减少对雷达波的反射。桨叶形状经过精心选择，不易被雷达探测到。

整体结合的各种措施使得 RAH－66"科曼奇"的雷达回波和红外辐射比现役直升机有较大降低，堪称直升机中的 F－117。

光环之二：世界第一种全数字化直升机

RAH－66"科曼奇"头上的另一个光环就是"全数字化直升机"。的确，在设计之初，RAH－66"科曼奇"就定位于"全数字化"方向，在以后不断改进的设计中，"科曼奇"的确可以称得上是世界上第一种完全数字化、智能化的直升机。它具有高度的智能化作战系统和灵活的操纵系统以及先进的故障显示系统。

在执行侦察任务的时候，飞行员把开关置于"自动侦察"位置，这个时候"科曼奇"直升机的智能化作战系统就能自动地进行全方位搜索和探测，并自动显示、记录、报告目标位置；当有导弹向"科曼奇"袭来的时候，直升机座舱里面的安全系统就会立即报警，同时显示屏上就会立即显示威胁的性质、方位、距离和所应采取的对应方式。

最为突出的是，"科曼奇"执行侦察任务是在计算机的帮助下完成的，"科曼奇"能够立即将机上设备所发现的目标数据与原来储存的资料数据进行对比分析，去伪存真，发现新目标、新动态，将最终得出的目标数据与战场态势在座舱荧光屏上显示出来，然后根据指令近乎"实时"地传送给地面部队有关指挥官。如果没有"科曼奇"，而是使用普通侦察机，从发现战场目标到指挥下个攻击力量出击，大约需要 1～2 小时，如果使用"科曼奇"，整个过程只需要 10 分钟左右。

"科曼奇"还有一套完善的"故障诊断和修复"系统。如果"科曼奇"发生了故障，直升机的故障显示系统可以立即诊断出故

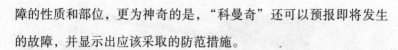

障的性质和部位，更为神奇的是，"科曼奇"还可以预报即将发生的故障，并显示出应该采取的防范措施。

"科曼奇"的智能化作战系统包括前视红外仪、高分辨电视、激光测距仪、辅助目标分类、全球定位与惯性导航、数字化地图、光纤数据总线、头盔显示仪及一体化通信系统。这些系统能对数据进行加工和融合，显示分类，并且进行顺序排列，准确率可超过90％。它还能通过提供五种不同数据传输方式，将信息传输给其他系统或指挥所。指挥员通过计算机将这些数据综合，以提供准确的动态图像。

另外，这些智能化作战系统可使武装直升机摆脱夜间和不良天气的束缚，真正具备全天候作战的能力，从而大大提高作战能力。

光环之三：无声无息说尾桨

减少噪音是直升机隐身的重要方面。要让武装直升机"无声无息"是不可能的，但是尽量减少噪音是能办到的。其实直升机本身就有一定的"先天性"隐身效果：直升机飞行高度要比固定翼飞机低，山丘是直升机很好的遮挡物，一般来说，雷达是不容易探测到山丘后面飞行的直升机的。如果直升机贴地飞行，地面的杂乱回波也将掩蔽直升机而使雷达无法辨别直升机的回波。可是直升机通常在低空和超低空活动，在用肉眼看到直升机之前，通过直升机的响声也可探测和识别直升机，地面人员很容易凭借直升机的声音首先发现直升机的存在。尾桨是直升机噪音的最大来源，因此在降低噪音方面，"科曼奇"把主要工夫放在了尾桨上面。

RAH－66"科曼奇"尾部

　　RAH－66"科曼奇"采用了不少减小噪音的措施。首先是"科曼奇"采用了新式尾桨，尾部旋翼带护罩，减少了桨叶间的气动干扰，不但大大降低了尾桨部分的噪声，而且尾桨易于收放在机舱内侧。旋翼桨尖采用后掠式，可使噪声声压减少2～3分贝，这样5片桨叶旋翼的噪声与2片桨叶旋翼的噪声就难以分辨。"科曼奇"采用的是涵道尾桨，由于消除了旋翼与尾桨尾流之间的相互作用，也可减小噪声。RAH－66"科曼奇"尾梁两侧向下的狭长缝隙式排气口，不仅能减少发动机排气的红外辐射，而且还能消除发动机排气的噪声。RAH－66"科曼奇"降低噪音的另一种方法是，桨叶的叶型和弯曲度非常合理，这样，直升机在低速飞行（167千米/小时）时便可降低旋翼转速，这就降低了旋翼噪声。"科曼奇"有效地减小了噪声，使被监听到的距离缩短到普通直升机的一半，而且还能使一些反直升机的音响地雷引信失效。这样"科曼奇"直升机在执行侦察任务时就可以保持高度隐蔽。

光环之四：穿上"刀枪不入"的铁布衫

"科曼奇"武装直升机的生存能力很强，波音公司一直在炫耀"科曼奇"的这个特点。甚至有人在媒体上吹嘘说："'科曼奇'武装直升机飞在空中你根本看不见它；如果你能看见它，你也击不中它；就算你能击中了它，它也不会被击落；假如你真的击落了它，它的飞行员还能活着！"这主要说的是 RAH－66"科曼奇"的生存能力。当然这样的话中带着几分夸张。

武装直升机的生存能力包括两方面，一是作战生存能力，例如受到对方武器打击时的抗损能力等，另一个方面是平时训练飞行或使用过程的"正常抗坠毁"能力。

"科曼奇"集攻击、侦察两大任务于一身，防护力非同一般，机身装甲是一种新型合成材料，既减轻了重量，又能抗御动能弹的打击。"科曼奇"直升机的作战生存力设计标准是，尾旋翼能承受12.7 毫米机枪弹丸打击，并且在一片旋翼被打掉后仍然能飞行 30分钟。机体结构可承受 23 毫米炮弹直接命中产生的伤害。另外，作战时座舱有防化学武器、生物武器的能力。

武装直升机的低空机动能力对提高作战生存力关系很大。低空作战要尽量减少暴露于对方火力的时间，例如要能很快超低空越过一个山头。"科曼奇"的最大正过载是 $+2.5g$，负过载是 $-1.0g$，这使它能够在大速度冲刺时用 6 秒时间越过一个 100 米的小山头，离地高度始终保持不大于 5 米。刚开始拉起时用 2 秒时间保持正过载 2.5 g，然后在不大于 1.5 秒时间之内改为负过载（使直升机顺鼓包形状下降），又保持 $-0.5g$ 约 2 秒时间。这样，整个机动动作暴露的时间很短。

RAH - 66 "科曼奇"

为提高直升机的作战生存力，美陆军强调要双发动机布局。现在采用的动力装置为两台 T800 - LHT - 800 型涡轮轴发动机，每台最大功率为 1149 千瓦。两台发动机基本上独立工作，当一台发动机作战损伤时，不会影响到另一台的工作。只要有 1 台发动机工作，直升机就可以保证返航。

抗坠毁方面的标准是：当以 12.8 米/秒的垂直速度坠地时，飞行员座椅可保证其生命安全，概率为 95%。

在这里还有必要说说"科曼奇"的火力情况。由于"科曼奇"是一种集侦察、攻击于一体的武装直升机，所以在火力方面，"科曼奇"这种直升机并不做过高要求，它的武器挂在两侧的弹舱门内侧。发射前打开这两扇门，武器伸出武器舱外，并可以在3秒之内实施发射。

"科曼奇"武装直升机标准的武器装备是：每侧各自的弹舱门内侧有3个挂架，可挂3枚"海尔法"导弹、"陶"式导弹，或6枚"毒刺"导弹，也可挂一具19管81毫米口径火箭发射器。机头下方有一门3管20毫米口径转管航炮，射速为750发/分（对地攻击时）或者1500发/分（对空攻击时），备弹500发。不使用时，航炮可向后回转180度，收入前机身一个小舱室内。炮的瞄准与头盔瞄准具相互交联。

"不对称战争"拒绝"科曼奇"

既然"科曼奇"是一种十分先进"举世无双"的武装直升机，为什么在研制了21年之后，要半途而废停止它的发展呢？这其中有什么秘不可言的东西吗？

停止"科曼奇"的发展计划最早源于2001年，当时曾在海军航空兵部队服役的国防部长拉姆斯菲尔德就指示助手，抛出了一份全新的国防战略评估报告，认为在前苏联解体之后，恐怖主义已经成了美国的最大威胁，美军的战略重心也必须随之从冷战时期的大规模作战转移到打赢恐怖分子的"不对称战争"上。美军应当削减常规部队特别是陆军的规模，将节省下来的钱用于发展导弹防御体系（NMD）、远程隐身轰炸机、无人驾驶飞机等高科技装备。因为近几十年来，美国发动地面战争的机会越来越小了，维持现有部队规模"在某种程度上讲，是一种浪费"。这份报告被称做"拉氏报告"。在这种气氛下，美国国防部在2002年5月砍掉了价值高达110亿美元的陆军"十字军"自行火炮合同，随后又终止了"科曼奇"直升机的发展计划。

"科曼奇"武装侦察直升机项目多年来屡遭经费超支和研发延期的困扰，共进行了六次结构性调整。最开始时五角大楼估计"科曼奇"的单价是1200万美元，共建造1200架。但美军在花费了21年时间后，"科曼奇"还是无法进入全速生产状态，而每架"科曼奇"的造价却已经涨到了5900万美元，以至于军方不得不将采购数量降到了650架。耗资巨大是"科曼奇"下马的一个重要原因。

如果仅仅是费用过高并不足以让"科曼奇""胎死腹中"，促使美军放弃"科曼奇"计划的最主要原因，还在于当年的设计思想并不能适应21世纪的美军的作战要求。"科曼奇"是美国前总统里根执政时期，为了对抗苏军大规模坦克群而开始研发的武器，用21世纪的眼光来看，"科曼奇"已经远远落在了时代的后面。

美国陆军是在对"两年半来的美国反恐战争以及在可预见的未来美军的作战环境"进行了全面评估后，做出撤销"科曼奇"研发项目决定的。陆军参谋长休恩梅克将军说："放弃'科曼奇'是一个重大而艰难的决定，但'这是一个正确的决定'。"主管陆军作战任务的理查德·科迪中将则解释道，目前战场上地对空导弹和高射炮的作战能力已经大大提高，严重威胁到了"科曼奇"的生存空间。

无人机的优势胜过"科曼奇"

"科曼奇"的研制计划始于 1983 年，当时仍是美苏对峙的冷战时期，欧洲大陆是美苏可能发生战争的热点地区，"科曼奇"直升机计划内所有的要求，都是针对欧洲环境下的战争而设。美军分析了冷战结束后的世界形势，美军认为欧洲发生战争的威胁大不如前，而近年在阿富汗和伊拉克作战的环境都是寸草不生的大漠，难以让直升机有藏身之处，2003 年的伊拉克战争中美军损失了很多架直升机，有些直升机无法适应沙漠环境。更重要的是，在伊拉克频频发生直升机被击落的事件，其中有不少直升机都是被并无制导装置的火箭炮在短距离内击落的。在与伊拉克战场情况类似的战争环境中，"科曼奇"直升机上各种能够躲避雷达探测和红外线探测的隐身技术形同虚设，而其装甲保护又不如"阿帕奇"武装直升机，这些因素无疑使得"科曼奇"的价值和生存性能大打折扣。"科曼奇"的唯一生路是进行现代化改装，但这样一来，原本已经超标的预算就更难控制了。现在，陆军可以拿着原本属于"科曼奇"项目的巨额预算，来购买多达 800 架现役"黑鹰"直升机，升级现役战斗序列中的 1400 架作战飞机，并加大对无人机项目的资金投入。

美军重视无人机的发展是迫使"科曼奇"下马的另一个非常重要的原因。

　　如今无人机技术在世界许多国家蓬勃发展，现在的无人驾驶飞机研制成本低廉，而且能完成"科曼奇"担负的所有作战侦察任务，即使无人机被敌方击落，也不存在搜救驾驶员的问题。比如美军在阿富汗和伊拉克作战时表现出色的"捕食者"无人侦察机，不仅能为后方将领"现场直播"前线的情况，而且装上"地狱火"空对地导弹后，它还可执行反装甲任务。美国军方透露：陆军参谋长根据阿富汗和伊拉克两场战争的经验，花了半年时间检讨陆军的军备采购计划，结论是"科曼奇"直升机的开发未能配合美国陆军作战模式的转变，只能取消这个武器研制计划。

美陆军"另觅新欢"有了新飞机

　　美国陆军停止"科曼奇"的发展并非不再研制新的航空器，相反，美国陆军正在重新制订航空全面重构计划，这个重构计划直接促成了RAH-66"科曼奇"直升机项目下马。

　　航空全面重构计划要求陆军所有现役、预备役和国民警卫队部队正在向一种标准化的、模块化的航空构成转变。陆军新型航空旅将包括由48架飞机组成的两个攻击营，一个由30架飞机组成的运输营，一个由8架指挥与控制直升机、12架CH-47"支奴干"直升机、12架救援直升机组成的通用保障营，一个飞机自保障营，以及一支无人机部队。

　　美国陆军的航空全面重构计划，将会对第三批次AH-64"长弓阿帕奇"攻击直升机进行全面投资。据陆军官员称，第三批次生产的 AH-64 "长弓阿帕奇"具有"科曼奇"早期初始型的大部分能力，比如具有与早期"科曼奇"同样的火控雷达，允许从驾驶舱对无人机实施控制等。

美国陆军的航空全面重构计划包括装备三种新飞机，它们是采购 368 架新型武装侦察直升机来代替 OH-58D "基奥瓦勇士"，采购 303 架新型通用直升机来取代老龄的"休伊"直升机，采购约 25 架新型固定翼运输机来用于战区间运输。另外，还要增加 80 架"黑鹰"直升机和 50 架 CH-47 "支奴干"直升机。

陆军原来计划 2004—2011 财年间，要花费大约 146 亿美元来研制和采购 121 架"科曼奇"直升机。现在，陆军利用这笔钱可以对其现有航空机队中的 801 架飞机进行升级，并采购 796 架新飞机。

尽管"科曼奇"下马了，但是它毕竟孕育了 21 年，采用了相当多的高新技术，这些技术有的已经成熟，美军计划将"科曼奇"的光电传感器系统用于"阿帕奇"系列直升机上，还有一些其他技术也将应用在"阿帕奇"武装直升机上。或许"科曼奇"会巧借"阿帕奇"还魂呢！

06

印度的 LCA 战斗机是"鸽子"还是"雄鹰"

◇┈┈┈┈┈┈

　　我国的歼 – 10 战斗机飞上蓝天不久，很多读者和网友就看到了印度媒体和读者的一些议论，比如《印度斯坦时报》刊文说："中国歼 – 10 只有单座和双座，而印度的 LCA 项目从一开始就包括研制单座型、双座型及舰载型。无论是武器系统，还是电子雷达系统，印度 LCA 轻型战机都和 JAS39 机型最先进的 C/D 型处于一个级别。"印度的一些科学家宣称，LCA 拥有和欧洲联合战斗机同样的先进性。《印度教徒报》的一篇评论则称，歼 – 10 的服役不会挑战目前印度空军在南亚上空的霸主地位。印度和俄罗斯联合研制的第四代战斗机，计划在 2009 年首飞，届时印度将成为亚洲第一个装备第四代战斗机的国家。

我国的很多网友也对 LCA 表现出了极大的关注，不少网友根据自己对战斗机的了解和认识，在网上发表对 LCA 的看法。有的网友说：LCA 只是一只"鸽子"，和目前世界上已经装备的第三代战斗机不能比。也有的网友说，LCA 是印度自己设计的"雄鹰"，我们不能小看它。读者也许要问：LCA 到底是一种什么样的战斗机？为什么会有那么多人关注它？

LCA"敏捷"能超"战隼"吗？

LCA 离我们太近了，它出生在印度，所以我们的读者有理由关注它。LCA 是"轻型战斗机"的缩写，不过印度官方并不是这样称呼它，他们用"敏捷（Tejas）"（泰杰思）这个词来称呼这款新型的战斗机，Tejas 在印度语中有"光辉"的意思。印度提出要自己研制 LCA 是有原因的，有人说，印度 LCA 研制项目的启动人是它的对手——巴基斯坦。20 世纪 80 年代初，巴基斯坦从美国获得了先进的 F－16A/B 型战机，这使印度十分恼火，巴基斯坦装备了 F－16，那么就意味着印度在印巴空中力量的对比上，不占绝对优势，这是印度绝对不能容忍的。印度军方发誓要研制一种全新的作战飞机，性能上全面超越 F－16。

要超过"战隼"的确需要雄心壮志，印度具备了这样的雄心。可是研制一种全新的战斗机，并不是有了志向就一定能够成功的，

"志大才疏"是无法胜任战斗机的研制工作的。战斗机的关键技术是发动机，印度并不具备自己研制、生产发动机的技术，怎么办？当然是买现成的。印度也向美国通用动力公司提出了购买发动机的计划。1983 年，印度 LCA 轻型作战飞机项目正式上马。受国力及航空科技水平的限制，再加上飞机的很多关键部件都从国外引进，所以研制工作进展缓慢。

LAC "敏捷"

经过将近 24 年的痛苦研制过程，LCA 终于飞上了蓝天。人们不禁要问：如今的 LCA 到底超过"战隼"了吗？

　　印度人说，我们的 LCA 能隐身，F-16 却不能。LCA 是目前现役飞机中使用复合材料较多的飞机，而且它也是最小的战斗机。在 F-22 和 F-35 加入现役之前，LCA 是世界上隐身性能最好的战斗机。LCA 机体的 40% 都采用了先进的复合材料，不仅有效地降低了飞机的自重和成本，而且大大加强了飞机在近距缠斗中对高过载的承受能力。机体复合材料、机载电子设备以及相应软件都具有抗雷击能力，这使得 LCA 能够实施全天候作战。

　　LCA 的绝大部分机身由高性能复合材料制造，即使是金属部件也采用铝锂合金和钛合金。从该机技术验证机的重量构成情况看，碳纤维结构占机身重量的 30%，铝合金结构占机身重量的 57%。在 LCA 的原型和序列化生产型中，这些比例还会有些变化，碳纤维结构占机身重量的 40%，铝合金结构占机身重量的 43%。值得一提的是，LCA 机翼的上部和下部蒙皮全部采用了复合材料（碳纤维增强型塑料），翼梁和翼肋也采用碳纤维材料（美国的 F/A-22 战斗机也采用的是这种设计方案）。碳纤维增强型塑料材料还用于升降副翼、安定翼、方向舵、减速板。与此同时，绝大部分机身蒙皮与起落架、舱门也都由复合材料制成。应该说，这样的设计能够达到一定的隐身效果，在这一点上它也的确比 F-16 要强。

　　笔者认为，LCA 的隐身是一种 "准隐身"，或者说是假隐身，是一种不经意的隐身。LCA 的外形并没有采用隐身设计，由于 LCA 机体极小，大量采用复合材料，Y 型进气道可以部分遮挡住涡轮叶片，这样就使得 LCA 有了所谓的 "隐身性能"。从这一点上来说，LCA 的隐身问题是要打很多折扣的。再说 LCA 和 F-16 比隐身是没有道理的，因为 F-16 在设计之初就没有考虑隐身问题，再加上 LCA 的体积要比 F-16 小，雷达发现 F-16 的距离自然就要远一些。如果我们再仔细看看 LCA 的进气道、尾喷口的形状和垂尾的设计，对它隐身的效果就会产生更多的疑问。

至于其他的几项指标，除了机动性 LCA 可能会略好于 F-16 之外，在最大平飞速度、实用升限、武器外挂等等方面，它和 F-16 不可同日而语。如果说 LCA 比印度本国装备的米格-21 略强的话，还说得过去。

特色鲜明的轻型战斗机

LCA 和 F-16 比较肯定要败下阵来，但是我们不能因为它比不过 F-16 就忽视它的优点，毕竟 F-16 也不是战斗机的设计标准。平心而论，LCA 还是有很多值得我们研究和思考的地方。

我们先来说说 LCA 的电子系统。应该说，LCA 的电子系统已经接近第三代战斗机的水平，有的电子设备正在改装第四代战斗机的设备。LCA 采用了洛克希德·马丁公司的四余度电传自动飞行控制系统，实现了"手不离杆"操纵。电子设备在现代化战机上起着举足轻重的作用。LCA 的"环境控制系统"为驾驶员提供了一个高度舒适的环境，同时向机载电子设备提供适度制冷；"飞行控制系统"采用了先进的"四余度数字式线传飞行控制系统"，具备极佳的可靠性和灵敏性。印度军方宣称，驾驶 LCA 将是一件十分轻松惬意的事情。

　　印度从法国达索公司聘请了 30 名工程师进行技术援助，LCA
的座舱就是由法国人设计的，座舱里的显示系统由 HUD 和中视显
示器及四块 MFD‒55 液晶显示器组成。这个系统的综合能力还是

停机坪上的 LAC "敏捷"

相当不错的，这个系统配备的"综合数字电子设备"是由设备系
统、管理系统、推进系统、电气系统及飞行控制系统共同组成。其
核心是一个"32 位任务计算机"，能够完成诸如飞行控制、机载设

备自检等数据计算任务，任务计算机软件采用美国国防部 ADA 语言。LCA 的精确导航及制导是通过"惯性导航系统"及"全球定位系统"共同完成，该机装备有抗干扰无线电通信系统以及先进的电子对抗设施。电磁和电光接收机/干扰机等电子战设备，为飞机提供了必要的"软杀伤"能力。

　　LCA 的雷达系统也是比较先进的。它采用的是爱立信的 PS－05A 雷达，爱立信公司也是"鹰狮"战斗机雷达系统的提供商。这部雷达很有特点，它是一种多功能雷达，具有探测、追踪、地形回避和制导武器发射等功能，在计算机系统的处理下，扫描和追踪可同时进行。脉冲多普勒使雷达具有俯视射击能力和地形绘制能力。地形测绘、频率捷变以及其他电子反干扰技术，使雷达系统完全能够满足现代空战的需求。这部雷达的工作模式包括远程搜索、多目标边扫边跟、近程宽角快速扫描，可以控制导弹和火炮。如果对地面和海面攻击，可以扫描海面和地面目标，搜索、截获、地形测绘和控制导弹发射等。对空中目标最大搜索距离达到 120 千米，可同时跟踪 10 个目标并具备同时与 4 个目标交战的能力。不过由于 LCA 的机头比"鹰狮"战斗机要小，所以限制了它的天线尺寸，性能要缩水很多。据说，现在 LCA 正在测试用相控阵雷达替换脉冲多普勒雷达。

　　LCA"身材瘦小"，但是它的武器系统并不示弱，它是一个精确制导武器的发射平台。现代战斗机其实就是一个武器发射平台，判断这个平台的一个很重要的方面，就是它能携带和发射什么武器，所以武器装备对于战斗机来说显得至关重要。我们来看看 LCA 有些什么武器。

　　LCA 的武器包括 1 门 23 毫米 GSH－23 双管机炮，带有 220 发炮弹，射速 3300 发/分。两侧机翼下各有 3 个外挂点，机身下方有一个外挂点。为了进一步提高任务执行质量，增强武器系统的多功能性，飞机还可外挂电子吊舱和侦察吊舱。飞机能够根据每次作战任务需要，携带不同类型的导弹、炸弹、火箭弹去执行空对空、空对地及空对海作战任务。LCA 可以携带以色列生产的"德比"中距弹和"怪蛇 4"格斗导弹，这两种导弹都采用同种弹体搭配不同的导引头。"怪蛇 4"近距空空导弹是一种大离轴角近距空空导弹。导弹装有数字式自动驾驶仪，它的气动设计使它能作 70g 的机动，重量 105 千克，采用双波段红外制导系统。"怪蛇 4"的特点是控制面很多，它的高机动性是通过 18 个气动面的协调工作而实现的。从弹头往后是 4 个固定的前翼，同样数目的俯仰、偏航、滚转翼，两个水平方向的全飞行副翼，4 个固定的逐渐变窄的边条，它的作用是产生升力并为弹体提供结构刚度，特别是在飞行末期推进剂燃尽，再也不能增加导弹的刚度时更显得重要。尾部组件上有 4 个固定弹翼，这个尾部组件一旦在发射时由两个掣子松开，就可在滚转方向自由旋转。"德比"导弹的长度为 3.8 米，直径为 150 毫米，翼展为 500 毫米，重量 118 千克，动力射程 60 千米。其采用了惯导＋末主动雷达导引方式。由于"德比"导弹没采用指令修正的辅助制导手段，所以它的远程能力受到限制。在执行对地攻击任务的时候，LCA 还可以挂带以色列的利特宁吊舱，这个吊舱装备有前视红外跟踪系统、激光测距/照射系统、捷联惯导系统等。对坦克大小的目标的跟踪距离可达 20 千米。配备的武器包括法国激光制导炸弹和 AS30 空地导弹。利特宁吊舱已经用于苏 – 30MKI 战斗轰炸机。

LCA 具有精确目标识别能力。传感系统确保了飞机的预警性能，隐身能力使得 LCA 在与对手缠斗中占据优势，超音速飞行及先进的雷达系统给予了 LCA 超视距攻击能力。高机动性以及自如的操纵能力，加上数字化电子座舱及武器系统平台，即便是在高速转向时，飞机依然具有极佳的瞄准及射击能力。

LCA 的机身和机翼内都布置了油箱，机翼和机腹下可以挂载 1200 升和 800 升的副油箱。值得一提的是，LCA 配有空中受油装置，为战斗机提高了续航力。

因此，不少国际军事观察家认为，LCA 的确不失为性能优良的轻型战斗机。

艰难的起飞 暗淡的前景

印度国防部航空发展署曾宣布：第一架现代化的多用途轻型战斗机（LCA）2007 年中期已交付印度空军使用。印度的 LCA 将成为亚洲各国空军装备的最小型现代化多用途喷气战斗机。

LCA 从项目上马到装备部队，经过了整整 24 年的时间。24 年对于一种战斗机来说是一条漫长的路，但是对于一个航空工业薄弱的国家来说，这个时间并不算太长。

印度当然知道自己国家航空工业的水平，为了加快研制 LCA 的步伐，印度政府动员全国 320 多个科研院所、工厂企业乃至私人研究机构，不惜动用本来就不多的外汇储备，邀请英国 BAE 公司、法国达索公司和德国 MBB 公司担当技术顾问，终于使骑虎难下的 LCA 项目恢复了进度。印度采取"拿来主义"，很多部件都是从国外直接买来的。LCA 的电传操纵系统采用了美国莫格公司的零件，关键技术是利尔·西格勒公司的；任务计算机和导航设备是霍尼韦尔公司提供的；从本迪克斯公司"拿来"了座舱显示、刹车、液压技术；电子综合化技术是诺斯罗普公司提供的；F404 发动机则是通用电气公司的。

展翅高飞的 LAC"敏捷"

　　LCA 的全尺寸工程研发第一阶段直至 1993 年 6 月才开始实施，印度政府为该阶段研制工作投入了 218.8 亿卢比。LCA 的第一架技术验证机（编号为 TD1，制造序列号为 KH2001）于 1995 年 11 月 17 日出厂。此后，该机研制工作又因技术难题和政治原因，经历了无数次的延迟，导致首次试飞一直推迟至 2001 年 1 月 4 日。LCA 的几个关键子系统和部件，包括最值得关注的线导飞行控制系统，都要从美国引进装备。由于美国政府针对印度于 1998 年进行核试验而实施武器禁运，美国禁止向印度出售 F404 – F2J 发动机。LCA 的试飞和部署计划不得不再次推迟，使 LCA 的研制遭受沉重打击。印度只好向俄国人求助，俄国人向印度提供了 GTX – 35V 型发动机。

全尺寸工程研发的第二阶段于 2001 年 11 月开始实施，第二架技术验证机（编号为 TD2，制造序列号为 KH2002）于 1998 年 8 月出厂，并于 2002 年 6 月 6 日首次试飞。LCA 的试飞计划至此开始取得进展。但在经过长时间延迟后，该计划的进度已远远落后于最初设想，直到 2004 年 1 月初才总共完成了 140 次试飞。试飞工作中取得的一项重要成绩（在更大程度上是一种心理安慰而不是技术成就）是 1 号技术验证机于 2003 年 8 月 1 日完成了首次超音速试飞，同年 11 月 27 日 2 号技术验证机在其第 66 次试飞中也达到了 1.1 马赫的飞行速度。

在两架技术验证机制造完毕后，该项目继续研制 5 架原型机。编号为 PV1 的第一架原型机于 2003 年 5 月 4 日出厂，编号为 PV2 的第二架原型机预计于 2004 初完工。这些原型机在性能上更接近于制造型飞机，如 PV2、PV3、PV4 的机身重量减轻了 746 千克，采用了性能更为先进的飞行控制软件，安装了空中受油管，并可能改装了性能更为先进的雷达。分别有 1 架原型机按单座和双座舰载型的设计方案进行制造，另外三架原型机是基本型，即为印度空军制造的单座型。

按照研制计划，所有原型机（很可能还包括所有第一批 30～40

架序列化制造的 LCA)都要安装 F404 发动机。其实通用电气公司
向印度提供了一种专为"敏捷"战斗机研制的功率更大的 F404 改
型发动机,该发动机编号为 F404 – GE – IN20,加力推力为 8.9×10^4 牛。这种新型发动机使用了 F404 发动机 RM12 型的某些部件,
RM12 由沃尔沃公司所属发动机厂为瑞典"鹰狮"战斗机研制,其全
权限数字式电子控制系统与美制 F/A – 18E/F "超级大黄蜂"战斗轰
炸机采用的 F414 发动机的同类装置相似。随后,几经计划延期和技
术延误之后,第二架 LCA 原型机在班加罗尔进行了飞行试验。

近来从印度传出了这样的消息:印政府正在从国外寻找适当机
种用以替换 LCA。这表明 LCA 计划的前景潜伏着危机。印度工业界
部分人士认为,LCA 项目不断拖延主要是政治因素而非设计上的原
因。一位工业界人士说:"LCA 计划受政治驱动,它将继续为政府
官员提供就业机会,并将无限期地继续下去。"印度国防部长费尔
南德斯曾经信誓旦旦地说:"印度将在三年时间内生产该型战斗机,
装备印度空军和海军。"费尔南德斯声称,鉴于印度将在 4～5 年内
实现俄罗斯苏 – 30MKI 战斗机的国产化,LCA 将会和其他战斗机一
起为印度构成一支强大的空中力量。

虽然印度人自诩他们正在研制的"敏捷"轻型战斗机是"世
界上最小也是最便宜的轻型多用途战斗机",但是 LCA 与其他国家
近年来纷纷出世的"三代半"战斗机甚至是一些第三代改进型战斗
机相比,还是有很大区别,LCA 在公认的"4S 标准"(即超音速巡
航、超过载机动、超视距空战和隐身功能)中没有任何优势,这种
"问世即落后"的战斗机对于印度空军来说无异于鸡肋,弃之可惜,

留之犹如累赘，印度空军很无奈。印度的"光辉"战斗机前景黯淡无光，这样说并非无理取闹。印度空军在自身技术实力不足的前提下，强行拼凑出来的 LCA 漏洞百出，难以担当印度争雄亚洲的重任。

LCA 的确有很多先天不足的地方。比如，LCA 的电子设备来源于多个国家，而印度又缺少整合这些电子部件的能力，这就给 LCA 留下了整体设备不稳定的隐患。LCA 的外形设计实际上牺牲了机动性能，大三角翼不适合短距起降，这就使 LCA 的战地生存性能大打折扣。还有，隐身功夫"先天"不足，LCA 的机体设计早在 20 年前就已经定型，虽然几经修改，但主体设计已经无法改进，比如 LCA 的武器采用外挂方式必将增加雷达反射信号，不利于战斗机的隐身作战。受到机体的限制，LCA 的火控雷达探测距离小，难以进行超视距空战，不符合 21 世纪先进战斗机的作战性能要求。

LCA 究竟会成为印度空军的"鸽子"还是"雄鹰"？读者看了本文的介绍会得出自己的结论。

链接：

LCA 是单座、单发全天候多功能轻型战斗机。

机型分为：通用型、海军型、双座教练型。

它的翼展：8.2 米；机长：13.2 米；机高：4.4 米。

飞机空重：5500 千克。

实用升限：15240 米。

正常起飞重量：8500 千克。

最大外挂重量：4000 千克。

最大飞行速度：1.6 马赫。

07 印军战胜美军之谜

◇ ⋯⋯⋯⋯⋯

印度空军与美国空军在 2004 年曾经进行了一次空战演习，在这次演习中，美军的王牌战机 F – 15 "鹰" 兵败蓝天。我们现在就来回顾一下 F – 15 兵败蓝天的过程。"对抗印度 2004" 演习的内容主要是空战识别训练（DACT），包括视距内导弹攻击、远程目标锁定、无线电干扰、空中格斗等课目。

首先出场的是美国空军的上尉飞行员。这位飞行员有 1000 多小时的飞行经验，他认为自己驾驶的 F – 15C 战斗机上有先进的航空电子设备，完全能够克制苏 – 30MK 战斗机的机动性。从性能上看，F – 15C 完全有能力战胜对手。F – 15C 装备的预警系统（AN/

APG－63 机载雷达，AN／ALR－56 雷达照射预警系统，REBAN／ALQ－128 多模式系统）能够更早地探测到对方，为 F－15C 的决策、瞄准和发射导弹赢得宝贵的时间，从而使 F－15C 占据空战优势。

F－15C

印度空军出场的是一位少校飞行员，他驾驶着一架苏－30MK 战斗机。

演习开始了，印度空军少校驾驶着苏－30MK首先升上了蓝天。美国上尉紧接着也飞上了天空。战斗一开始，苏－30MK便以最大加力状态急速上升转弯，很轻松地甩掉了F－15C，并且在转到180度时，苏－30MK转守为攻，咬住了F－15C。转到200多度时，成功地占据了F－15C尾后的有利攻击位置并锁定了目标。这时，F－15C战斗机的飞行员完全丢失了目标机。最后不得不求助于地面截击引导员来确定苏－30MK的位置。当得知苏－30MK正在自己尾后时，F－15C慌忙机动飞行，试图摆脱攻击，但终究没有逃脱"被击落"的命运。

为什么苏－30MK能够顺利"击落"F－15C？其中的秘密在哪里呢？

谜底之一

印度少校在飞行中根本就没有开启机载雷达，而使用苏－30MK的机载光电系统，这一点使得他可以神不知鬼不觉地逼近美军飞机，实施近距离攻击。

在空中缠斗时，印度空军的苏－30MK使用了雷达。根据印度空军指挥部的报告统计，美机被印度空军的战斗机"击落"不下20架次，这个结果表明印度苏－30MK的雷达系统优于美方F－15C战斗机的雷达系统。苏－30MK的机载雷达能够先于对手捕获F－15C战斗机的信号，即便F－15C在60千米外并处于山幕背景的掩护之下，苏－30MK也能先于对手发现它的身影。可是F－15C的雷达在同等的情况下是"看不见"对手的，这是由于山体造成的多次反射，雷达根本无从辨识山体前的目标。

谜底之二

参加这次演习的美空军 F－15C 战机都没有装备最新型的远程主动电子扫描雷达（AESA）。这是"鹰"败蓝天的一个重要原因。尽管第 3 联队已经有一些 F－15C 战斗机装备了这种雷达，但是考虑到安装这种雷达，需要携带特别的维修保养设备来对该型雷达进行维护，所以美国空军当时没有派出装备该型雷达的 F－15C 战机参演。当然，这里也有保密方面的原因。美军派往印度参加演习的 6 架 F－15C 只装备了战斗机数据链、短程 AIM－9X 热寻的空空导弹，飞行员则装备了美国的头盔瞄准系统。机载设备美军略输一筹。

谜底之三

在"对抗印度 2004"的演习中，美国同意以 1 比 3 的战机兵力对比进行演习。也就是说，美军出动 1 架战斗机，而印军可以出动 3 架，而且美国空军的战斗机不使用 AIM－120 远程空空导弹的全部性能，F－15C 战斗机也不使用该型空空导弹的主动寻的雷达，该型的导弹射程也被设定为 32 千米，而且需要使用 F－15C 战斗机的机载雷达对其进行制导。但是在实际作战应用中，AIM－120 的射程可达 100 千米，也不需要 F－15 战斗机的机载雷达引导，可以"发射后不管"。F－15C 战斗机的标准战术，是用两架装备远程主动电子扫描雷达的 F－15C 和另两架没有装备这种雷达的 F－15C 混合编队，装备远程主动电子扫描雷达的 F－15C 首先使用远程导弹攻击优势兵力的敌机编队，然后再进行近战。

谜底之四

通过"对抗印度 2004"演习，美国空军发现 F－15C 战机的雷达反射区较大，这一缺点增加了 F－15C 被苏－30MK 空对空导弹击中的概率。事后，美军的一位战术研究专家还认为 F－15C 的红外信号是绝大多数战斗机的 3 倍以上，也就是说 F－15C 很容易被对方的红外探测装置捕捉到。印度空军当然知道 F－15C 的这个缺点，所以印度的苏－30MK 飞行员都是在被动模式下（不开启雷达）执行任务。

在这次演习中还有一点引起了外界的注意，演习中印方和美方的飞行员在各自雷达系统的辅助下，几乎是同时发现对方，然而印方多半能够率先开火，赢得战斗。

在"对抗印度 2004"的空战演习中，4 架 F－15C 战机为第一编队来对抗由 12 架印军战机组成的编队（机型包括幻影 2000、米格－21、苏－30、米格－27，其中苏－30、幻影战机用于空空作战，米格－27 用于对地攻击，米格－21 提供掩护）。印度空军还使用了模拟空中预警机平台和 AA－12、法国"米卡"等主动寻的雷达。这就使印度空军战机拥有了参演美军战斗机所没有的"发射后不管"的空战导弹能力。在实际空中作战中，这种情况是不会出现的。

美军兵败蓝天可以说还有另一个"谜底"，就是美国空军试图说服国会批准空军购置 F－22（F/A－22）"猛禽"战斗机以替代 F－15 战斗机的计划。贬低旧式装备的性能，最令人信服的办法就是演习的结果，没有任何理由能比演习结果更令人信服。这也是美军在"对抗印度 2004"演习开始之前，强烈要求印度出动苏－30MK 的原因。因此，我们也不难理解美军煞费苦心披露 F－15C 不敌苏－30MK 的实情。这当然只是笔者的一个猜测，或许这将成为印军取胜的"谜中之谜"。

印度空军的苏－30 到底怎么了？

印度是购买俄罗斯战斗机的大国。在 20 世纪末，印度从俄罗斯买来了不少俄罗斯生产的战斗机，其中有米格战斗机，也有苏霍伊设计局研制的苏－30 战斗机。可是，就在苏－30 战斗机进入印度不久，就不断传来各种负面的消息。

在印度空军举行的一次名为"空中力量"的军事演习中，苏－30"首当其用"披挂上阵，神气十足地飞上了蓝天。可是就在这次演习中，神气活现的苏－30 战斗机多次"击落"了自己的同伴，究其原因是因为苏－30 的机载雷达探测精度和目标识别能力不足，关键时刻"敌我不辨"，常常把同伙当成了"敌人"。印度空军只好下令：苏－30 的飞行员必须在眼睛能够看到并且识别出目标的情况下，才能开火。印度空军有的飞行员就提出疑问：苏 – 30 战斗机的雷达号称最大探测距离是 240 千米，最大跟踪距离为 185 千米，可是机载雷达还不如我们的眼睛，这样的战斗机还能不能作战？

印度苏 – 30MKI

其实，让印度空军最恼火的并不是雷达的问题，战斗机的"心脏"出问题是最可怕的事情。2003 年 9 月，在一次飞行结束后的例行检查中，印度空军的机务维护人员发现有数架苏 – 30K 战斗机的发动机叶片出现严重的裂痕，随后，印度空军立即宣布停飞苏 – 30

战斗机，这是苏－30战斗机在全球范围内第一次停飞。就在这次苏－30战斗机停飞之后不久，印度空军的一位官员向外界公布说："我们购买的俄罗斯苏霍伊设计局研制的苏－30MKI多用途战斗机出现了发动机方面的问题。目前空军所使用的28架苏－30都有问题，需要提前开始大修。这一问题的出现迫使我们考虑放慢原定从俄罗斯接收其他苏－30MKI的进度。"后来，印度空军发现苏－30MKI飞机发动机的表现更是糟糕，故障率相当高，平均飞行300小时后发动机就会出现故障。飞行员们还反映，苏－30战斗机在加速飞行状态和垂直爬升时机身有剧烈震动现象。这样一来，地勤人员就不能按照原来的要求时间进行大修，只能不定期进行大修。

面对如此严重的发动机故障，印度空军参谋长克里希纳斯瓦米上将不得不亲自出马，赴俄罗斯进行"紧急访问"，同俄方就印度苏－30战斗机的重大安全问题进行磋商。

面对印度空军的种种指责，俄罗斯方面解释说，如果是在正常条件下使用，发动机在担保寿命期内不会提前报废，也不会导致飞行中各种故障现象的发生。俄方还解释说，发动机出现问题是因为南亚地区的天气干旱炎热，对发动机的工作有很大影响，而且印度空军飞行员使用苏－30进行飞行训练时强度太高，并且频繁地在训练中演练垂直爬升以及空中"眼镜蛇"动作。更重要的是，印度空军的地勤维护工作不到位，在使用、维护发动机时比较"粗暴"，使发动机寿命缩短。

对俄罗斯人这样的说法，印度空军参谋长克里希纳斯瓦米愤愤不平："刚开始俄罗斯人说我们的飞行员缺乏训练而无法掌握苏－

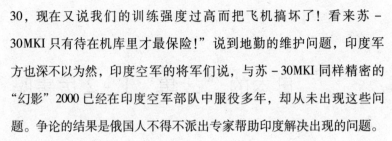

30，现在又说我们的训练强度过高而把飞机搞坏了！看来苏－30MKI只有待在机库里才最保险！"说到地勤的维护问题，印度军方也深不以为然，印度空军的将军们说，与苏－30MKI同样精密的"幻影"2000已经在印度空军部队中服役多年，却从未出现这些问题。争论的结果是俄国人不得不派出专家帮助印度解决出现的问题。

随后，印度又从俄罗斯接收安装了推力矢量喷口的苏－30战斗机，这对印度空军来说多少是一种安慰，毕竟装备这种有推力矢量技术的战斗机的国家还不多。可是新的问题又来了，俄罗斯方面声称，这种安装推力矢量喷口的苏－30战斗机使用时间可以达到260～500小时，可是印度空军的飞行员只使用这种战斗机飞行了20多个小时，就必须更换推力矢量喷口，这与俄罗斯方面声称的可用时间相去甚远。

面对苏－30战斗机出现的种种问题，印度空军不得不重新审视从俄罗斯进口的这些苏－30战斗机，他们发现苏－30战斗机的问题还有很多，比如：攻击能力不强，苏－30战斗机都没有配备"发射后不管"弹药。有的飞行员说，苏－30是"三代战机，使用的是两代半的机载武器"。还有，苏－30的雷达特征十分明显，也就是说，对方的雷达很容易发现它，没有一点隐身的考虑。苏－30的雷达截面积10米^2，而美军的F／A－18E/F"超级大黄蜂"的雷达截面积只有1.19米^2。

尽管苏－30战斗机的问题多多，但是对于印度来说，这种战斗机机动性、操控性等方面还是有很多诱人的地方，是一种"买得起、用得起"的战斗机。印度空军还是很钟爱苏－30战斗机的。

08　　日本的"战隼"F-2厉害吗

◇ ⋯⋯⋯⋯⋯⋯⋯

　　很多读者十分关心日本的F-2战斗机，有的读者说，F-2长得很像F-16战斗机，它简直就是F-16战斗机的复制品，是日本的"战隼"。也有的读者说，听说F-2已经停产了，说明它是一种不成熟的战斗机。还有的读者朋友说日本已经在生产F-2"超改"型，甚至有人说日本在研制F-3战斗机。还有一些网友针对F-2到底有多厉害，在网上展开了激烈的争论。围绕着F-2的是是非非，众说纷纭，莫衷一是。应该说，F-2战斗机是一个值得说一说的话题。由于历史原因，日本军用技术的发展受到诸多限制。在第二次世界大战之后，日本依靠按许可证生产美国先进武器装备的办法，使日本的武器装备质量保持在一个较高的水平上。在发展航空武器装备方面，最引人注目的就是F-2战斗机的研制。

出师不利 FS-X计划险遭流产

我们还是先从2006年发生的几个关于F-2战斗机的新闻说起。有消息说：2006年底，日本用F-2战斗机试射了ASM-3隐身远程空射反舰导弹（ASM），该导弹采用双冲压式喷气发动机，试验获得成功。ASM-3隐身远程空射反舰导弹计划在2010—2015年投入使用，该导弹具备主、被动雷达制导和红外制导能力。ASM-3是日本自主武器研制项目的一部分。

F-2

　　另一则新闻说，日本政府已规划其 2007 财年的防务预算为 48000 亿日元（410 亿美元），包括购买 50 架飞机，其中航空自卫队 14 架，陆上自卫队 22 架，海上自卫队 14 架，购机总数是 2006 财年的 2 倍。航空自卫队申请了 1485 亿日元的采办预算，打算再购买 10 架 F－2 战斗机。看来，日本对 F－2 战斗机充满了期待，21 世纪亚洲的天空上自然少不了 F－2 战斗机的身影。

　　如果我们把目光退回到 2000 年，你就会看到在世界刚刚进入 21 世纪时，日本的航空自卫队就开始忙碌起来，他们要迎接自己的新伙伴——F－2 战斗机的到来。21 世纪的第一个秋天降临在日本的三泽空军基地，10 月 2 日这一天三泽空军基地彩旗飘扬，这里要举行一个隆重的典礼，第三飞行团的官兵急切地迎接 F－2 战斗机的到来。这个典礼很隆重也很简短，但是它吸引了日本众多的新闻媒体和世界军事专家们的关注。

　　当时负责接管首批 F－2 战斗机的日本第 3 飞机联队司令对媒体的记者们说，F－2 战斗机在 21 世纪将全面担负起日本国土防空的重任，而日本空中自卫队自 20 世纪 70 年代以来就开始服役的 F－1 战斗机和 F－4 战斗机将陆续退出舞台。按照日本防卫厅的计划，日本航空自卫队最终将采购 130 架 F－2 战斗机，其中有 20 架将被部署在三泽基地。

　　F－2 战斗机称得上是日本航空自卫队的主战兵器，它的出世充满了波折和争议。

　　20 世纪 80 年代中期，日本防卫厅就计划自行研制一种新型战斗机以取代老旧的 F－1 战斗机。这时的日本还不具备独立研制先进战斗机的能力，特别是航空发动机技术与美国等发达国家相比存在很大的差距。日本人发展战斗机的计划当然不能瞒着美国人。美国人希望日本能够购买他们研制的 F-16 战斗机。谁都知道，买来的战斗机当然不如自己研制的战斗机使用起来得心应手，日本人希望独立自主研制战斗机，他们实在不想靠买武器装备自己的部队，尽管"战隼"是一种很好的战斗机。日美两国僵持不下，只好都做出让步，美国同意日本自己研制战斗机，美国公司以技术转让的方式参与研制。美国人提出转让的战斗机技术就是 F-16 战斗机。为了促进本国航空技术的发展，日本也只好做出妥协。再说了，在 F-16 的基础上研发战斗机，可以减少技术风险，缩短研制周期，节约研制经费，何乐而不为！1987 年 11 月，日美两国签订协议，研制经费由日本承担，以美国空军的 F-16 为样本，共同研制一种适用于日本国土防空的新型战斗机，日本也相应的向美国转让战斗机研制中发展的先进技术，并且将新战斗机研制计划定名为 FS-X 计划。日本防卫厅选中了日本的三菱重工业公司和美国的洛克希德·马丁公司（原来的通用公司）等几家大型军工厂家联合作为合同承包商，共同开发研制。随后，将新研制的战斗机正式定名为 F-2 战斗机。

应该说，F-2 战斗机研制出师不利。由于时间仓促，准备不够充分，F-2 战斗机在研制技术、经费等各方面都遇到了很大困难，从 20 世纪 80 年代后期日本航空自卫队的 FS-X 战机计划公布以来，它的设计方案多次更改，经费预算不断增加。日本防卫厅最初拨给 F-2 战斗机的研制费用只有 1650 亿日元，但由于技术方面的缺陷使得F-2计划严重超支。截至1995年，日本防卫厅为研制F-2已耗资3300亿日元（约23亿美元）。而据专家估计，全部完成F-2的研制生产过程至少需要耗资将近一万亿日元，是原计划费用的6倍。面对这样庞大的经费开支，日本政府曾一度考虑放弃这个耗资巨大的发展计划。F-2战斗机的最后定型日期一推再推，直到1995年10月7日，首批4架原型样机才开始试飞。

　　1995年12月，日本政府最终批准了生产130架F-2型机（83架单座的F-2A型机和47架双座的F-2B型机）的计划，并准备在1999年将其投入现役。由于在试飞期间F-2战机的机翼出现断裂事故，日本防卫厅官员又不得不将其服役时间推迟到2000年，比预期设想推迟了一年多。

貌似"战隼"电子系统胜过F-16

　　尽管是按照F-16C/D的模子打造自己的战斗机，日本人也不想"照葫芦画瓢"，他们想在新战斗机上使用更多的高新技术。

　　我们知道，F-16战斗机采用了翼身融合体、放宽静稳定度、电传操纵、高边条翼、空战襟翼、过载座舱等先进技术而成为世界著名的第三代战机之一，凭借它较好的性能和较低的价格而深受各国空军的青睐，成为世界上生产量最大的第三代战斗机。在20世纪和21世纪初的几场局部战争中，F-16的出色表现也证明它确实是一种相当成功的优秀战斗机。

　　日本人在FS-X计划开始的时候，就为自己制定了一个目标，虽然 F-2 并不是一种全新研制的战斗机，但是不仅要继承 F-16 的优点，而且要对新战斗机进行多项重大技术改进，大量采用当代先进航空技术，让它有一个"脱胎换骨"的改造。也就是说，F-2 的外形不做更大的改动，但是它的"五脏六腑"要有一个彻底的改造，成为一种貌似 F-16 但是"本领"超过 F-16 的新型战斗机。

F-2

从外形上看，F-2 战斗机采用了先进的复合材料和结构，使飞机的机身前部加长，从而能够搭载更多的航空电子设备。F-2 的机翼采用整体成形的全复合材料机翼，大量采用吸波材料以降低雷达探测信号。如今各国的战斗机越来越多地采用复合材料，但采用整体成形的全复合材料机翼却是 F-2 的首创。这种整体成型技术就是在自动调温炉内将制造机翼的复合材料的成型和加工一体完成。采用这一新工艺加工的机翼部件光滑无缝，有利于减小气流干扰和阻力，改善飞机的气动性能。

F-2的翼展增加不多，但翼面积比F-16增加了1/4，它的翼根弦长也有所加大，机翼的前缘后掠角和根梢比随之也改变了，这样做有利于减轻结构重量，减少加工工序，这项技术的采用表明日本的复合材料及其加工技术处于世界先进水平，成为日本引以为自豪的美国要求日本转让的先进技术之一。F-2机翼比F-16的机翼大25%，这样就可以在机翼上设计油箱，增加燃油贮存量，同时也可以挂载更多武器。

F-2的航空电子设备完全由日本自行研制，主要包括：有源相控阵雷达、综合电子战系统、一体化通信/导航/识别系统，电传操纵飞行控制系统和彩色液晶显示装置等。日本人自己宣称：我们的航空电子技术有雄厚的实力，我们研制的F-2战斗机电子设备的综合水平与美国的F-22战斗机相当。日本人也许没有夸大自己研制电子设备的水平，因为美国人很欣赏日本人为F-2战斗机研制的机载雷达，日本与美国已经签署了向美国空军提供该雷达的合同。这将是日本首次把独自开发的军用设备提供给美国。F-2战斗机上的相控阵雷达是其中最引人注目的电子系统，它采用了当今世界上最先进的有源相控阵技术，大约由800个3瓦发射接收模块组成。这种雷达的特点是每个天线都可单独发射电磁波进行电子扫描，不需要机械转动天线，搜索范围大，处理速度快，可靠性高，最大探测距离180千米，可同时跟踪10个以上目标。美国的F-22

战斗机装的也是这类雷达。F-2的雷达由三菱电气公司研制，这种雷达对于驱逐舰大小的目标，作用距离为148千米至185千米。

独具一格　座舱设计简洁清晰

在座舱设计中，F-2安装了全自动驾驶系统，F-2的座舱也

F-2

采用了许多新技术。比如，世界上有一些国家的战斗机，在座舱里采用的是两三个CRT多功能显示器，这种显示器原理就像是我们平日看的电视机，使用这种显示器一般都要在主仪表板上保留传统的模拟式仪表作备份，这是因为CRT显示器的可靠性并不是很高。而F-2飞机采用的是日本岛津公司和横河公司研制的平显仪和大型的LCD多功能显示器（液晶显示器），它们安装在座舱的正中

间，平显仪在上部，显示器在下部，这样平显仪的支座正好为 LCD 显示器起到了遮光罩的作用，即使是在较强的光线条件下，飞行员也能看清 LCD 显示器上的显示。在平显仪支座下还有两个传统式的多功能显示器。除这些之外，座舱的仪表板上很干净，几乎去掉了主仪表板上所有的仪表。这样做是因为 LCD 又比 CRT 先进得多，LCD 显示技术的可靠性大为提高，它比传统的模拟式仪表已经超出了好几个数量级，也就没有必要拿低可靠性的仪表来为高可靠性的显示器作备份。这就是 F-2 飞机座舱设计的先进之处。还有，F-2 的座舱采用了两片式强型风挡玻璃，其抗鸟撞性能要比 F-16 采用的单片式风挡好得多，这是基于日本岛国的特殊环境而采取的一个办法。

F-2 战斗机采用了随控布局技术，成为世界上采用该技术最多的战斗机。随控布局技术是指利用飞机上装置的各种飞行状态传感器发出的指令信号去操纵机上设备控制面的偏转，使飞机上总的空气动力重新分布的技术，目的是充分发挥控制系统的全部潜在能力，提高飞机的可操纵性和机动性。日本从 20 世纪 70 年代末开始研究随控布局技术，并取得了一定的成果。F-2 采用了控制增益、放宽静稳定度、机动载荷控超、偏航消除和机动增强等多项随控布局技术。

F-2 的发动机采用通用动力系统公司的 F110-GE-129 型涡轮发动机，能够产生更大的推力。

根据用途不同，F-2 战斗机分为单座型（A 型）和双座型（B 型）两种型号。

提高隐身能力是现代战斗机的发展方向之一，Ｆ－2也采取了一些隐身措施。主要是在机翼前缘和发动机进气口等反射雷达波的主要部位使用雷达吸波材料。此外，Ｆ－2沿用了Ｆ－16C的翼身融合体布局，增加了复合材料用量（约占飞机结构重量的18%），这也非常有利于提高它的隐身能力。采取这些措施后，Ｆ－2的雷达反射面积从Ｆ－16C的3平方米左右下降到1平方米左右。

对空对地　Ｆ－2"一心可二用"

　　评价一种战斗机，它的武器如何是一个很重要的评价指标。Ｆ－2的火力如何呢？

　　我们知道Ｆ－16安装了一门M61A1型20毫米6管加特林机炮，射速每分钟6000发，备弹量511发。Ｆ－16有9个外挂点，翼尖2个，机身下面1个，机翼下面6个。而Ｆ－2战斗机仍旧保留了M61A1型20毫米机炮，可用于近距离的火力支援，但它两侧翼下各有6个外挂点，机身下1个，总共有13个外挂点，在作战中可同时使用11个外挂点。

　　Ｆ－2具有携带和使用多种武器装备的能力。如在空对海武器方面，可带ASM－1/ASM－2反舰导弹、340千克（750磅）炸弹、CBU－87集束炸弹，以及RL－4、AU－3A和RL－7火箭发射器，这三种火箭发射器分别可装4枚137毫米火箭、19枚70毫米火箭和7枚70毫米火箭。此外，Ｆ－2还可装备两种型号的CCS－1光学反舰制导炸弹，其中Ⅰ型重227千克（500磅）、Ⅱ型重340千克，这种制导炸弹完全可"发射后不管"。这些装备使得 F-2 能在远距离精确攻击敌海上和滩头目标。两个翼尖挂架能携带近距红外空空导弹。

看来，F-2 的武器系统要比 F-16 强，F-2 既可以进行对空作战，也可以进行对海（地）作战。

在对海（地）作战中，可以携带 ASM-1、ASM-2 反舰导弹，CBU-87 集束炸弹、340 千克或 227 千克炸弹。可携带 CBU-87 集束炸弹的挂架均可挂火箭发射器。

在对空作战中，除了中间三个挂架外，其余接点均可携带 AIM-9、AIM-7 或 AAM-4 近、中距空空导弹，也就是说，该机最多可带 8 枚空空导弹。中间三个挂点，各可挂一个 2271 升副油箱，机身挂架可挂一个 1136 升副油箱。可以挂载红外制导的 AAM-3 和多种型号的 AIM-9 "响尾蛇" 近距导弹、半主动雷达制导的 AIM-7 "麻雀" 中距导弹以及主动雷达制导的 AAM-4 先进中距导弹。其中 AAM-3 和 AAM-4 为日本研制。AAM-3 是在 "响尾蛇" 的基础上改进而来，据说它的寻的头视角比 AIM-9L 导弹还要广，敏捷性更高，弹头威力更大，弹体前方 4 片翼鳍根部较细长，很像 4 支有把柄的鳍，确保了高速机动性。AAM-4 与美国的 AIM-120 先进中距导弹相似，由三菱电气公司研制，1995 年 10 月在太平洋一个小岛上进行过地面发射实验，1996 年开始交付日本航空自卫队使用。

争议不断　性价比不高问题多多

F-2战斗机从开始研制到现在，一直争议不断。性价比不高是一个突出的问题，据日本有关方面统计，如今每架F-2战斗机的造价高达120亿日元（约合1.007亿美元），这可以说是世界上最昂贵的战斗机，日本航空自卫队曾经对F-2进行了一次全面评估，得出的结论是F-2战斗机是所有战斗机中性价比最差的战斗机。

再有一个问题就是F-2战斗机的飞行员训练需要更高级的教练机，原来装备的T-2教练机已经无法胜任F-2的教练飞行。因此航空自卫队需要拿出更多的钱来购买F-2B型教练机。面对1亿多美元一架的F-2，财大气粗的日本防卫厅也皱起了眉头。如果F-2可以向外国输出，增加它的产量，那么它的成本就会摊薄，可是第二次世界大战后确立的和平宪法禁止日本向外出口武器。所以一度曾经传出日本防卫厅要停止F-2战斗机的采购计划。

最近又从日本传来F-2的相控阵雷达出了问题。雷达是战斗机的眼睛，眼睛出问题可不是小问题。在飞行训练中，有的飞行员发现F-2的雷达有时探测距离急剧缩短，有的飞行员发现目标机已进入视距（眼睛已经可以看到），可是在雷达上仍旧没有显示目标的情况，有时候雷达捕捉到了目标，可是突然又在屏幕上消失了。还有的飞行员发现，F-2已经捕捉到了目标，正在准备发射导弹时，在跟踪模式下目标从雷达上消失了。

　　F-2 的问题当然不止这些，随着 F-2 飞行小时的不断增加，新的问题还会出现。F-2 就像一个挥之不去的阴影一直笼罩在日本防卫厅的上空。

　　不过，对日本防卫厅来说，聊以自慰的是，通过 F-2 战斗机的研制，日本较为薄弱的战斗机总体设计和航空发动机等技术已经有明显的进步，这也使日本摆脱了靠美国许可仿制战斗机的状况。日本通过 F-2 战斗机的研制，学到了美国的一些先进航空技术，大大推动了本国航空技术的发展，为在 21 世纪初完全具备独立研制先进战斗机的能力奠定了坚实的基础。

09
欧洲的"台风"为何卸下航炮安假弹

◇ ....

如果你在英国皇家空军的"台风"战斗机上，没有看到航空机炮而是看到一枚铅制的假弹或者看到一枚水泥的假弹，你一定会感到惊奇：难道最新型的欧洲战斗机也会造假吗？

这样的事情真的会发生。2004 年 8 月 18 日，英国皇家空军宣布：英国皇家空军即将装备的 232 架"台风"战斗机上将不安装航空机炮。

前些年曾有一些军事专家分析，如果不在"台风"战斗机上安装航炮，那么政府将至少能节约 9000 万英镑的开支。英国皇家空军的将军们也认为，现在是航空导弹的时代，战斗机使用航炮并没有太大的实际意义，因此没必要在这方面浪费资金。如果在这个时候英国皇家空军提出不安装航炮的要求，还不算迟，可是英国皇家空军做出不安装航炮的决定成了"马后炮"，"台风"战斗机的制造商已经在为他们生产的第一批"台风"战斗机上安装好了航炮，如果要拆除这些机关炮，还要另外再掏出一笔经费，英国人当然不愿意另外掏钱。所以在他们订购的首批 55 架"台风"战斗机上仍会安装毛瑟 BK27 型航空机关炮。

不过，在之后为英国皇家空军装备的各批"台风"战斗机上，这门毛瑟机炮就会被一枚重量与其相当的铅制或水泥假弹所代替。也许有人要问：在之后生产的"台风"战斗机上不再安装机炮不就行了吗？为什么还要使用假弹来代替？我们知道，"台风"战斗机在设计之初是有航炮的，战斗机的整体气动布局当然包含航炮。现在把航炮拆除了，战斗机的重量和气动性能都会受到影响。为了不影响战斗机的整体性能，自然要拆掉航炮增加"配重"，使用假弹来代替航炮是一个好办法。

这股"台风"形成的来龙去脉

"台风"战斗机是一股强大的"台风"，是一股经过将近 20 年的"酝酿"而形成的"台风"。2003 年 6 月 30 日，"台风""刮进"了英国、德国、意大利、西班牙。

"台风"战斗机是英国、法国、德国、意大利、西班牙于 1983

年达成协议，共同计划发展的一种新型多用途战斗机。1984 年启动
飞机可行性研究。后来，由于法国要求不同，1985 年法国撤出该项
目，转而发展达索飞机公司的"阵风"。1986 年由英国、德国、意
大利、西班牙四国的宇航公司共同组成的欧洲战斗机公司成立。
1988 年首份研制合同正式签署，欧洲战斗机研制计划正式开始
生效。

EF - 2000 "台风"

"台风"战斗机的编号是 EF2000，又叫"欧洲战斗机"。它的
前身是 EFA 验证机，主要用于空战任务，具有对地攻击能力。在
EF2000 战斗机计划之前，由多个国家共同研制的战斗机并不多见，

因为战斗机的研制和生产是关系到国家安全的大事，这样的合作项目少之又少，因此 EF2000 战斗机的合作研制可谓开创了军事工业领域的一个新局面。这种合作与欧洲政治经济一体化的大背景是很有关系的。

2003 年 6 月 30 日，在英格兰沃顿欧洲战斗机英国总装线举行的"台风"进入英国皇家空军服役的庆祝仪式上，英国皇家空军的一位上将说："今年是有人驾驶带动力飞行 100 年纪念，我相信今天将对航空史做出重要贡献。""台风"是欧洲战斗机在英国皇家空军服役及海外销售时所采用的名字。

这一天，德国曼兴欧洲战斗机总装线同时也举行了典礼，四个合作国的国防部官员都到场出席典礼。

"台风"战斗机首架原型机 1994 年完成首飞，此后项目经历数次重组，包括 1996 年重新调整工作量分配。1997 年四个合作国同意开始首批飞机的制造，1998 年签署生产合同。"台风"战斗机首批生产飞机交付持续到 2005 年，共计 148 架，其中英国皇家空军 55 架、德国 44 架、意大利 29 架、西班牙 20 架，在 2005 年达到全面作战能力。同时第二批 236 架飞机开始制造，2009 年开始第三批 236 架飞机的制造。

英国计划最终采购 232 架"台风"战斗机，德国、意大利和西班牙各为 180 架、121 架和 87 架。另外，奥地利决定购买 24 架"台风"替代其老旧的 saab35D"龙"战斗机。奥地利的购机合同是 2000 年希腊选中"台风"后，欧洲战斗机赢得的首份出口合同。但希腊的购机合同已宣告终结，因为希腊推迟决定是否购买 60 架

"台风"。

　　"台风"第一批生产型战斗机具有空空作战的基本性能，包括携带先进中距空空导弹、AIM-9L"响尾蛇"短距空空导弹和欧洲导弹公司制造的先进短距空空导弹。对地攻击的时候，将可投放"宝石路"激光制导炸弹。

EF-2000"台风"

第二批生产的"台风"战斗机能携带德国研制的短距空空导弹和增强型"宝石路"炸弹，具有更强的协同工作能力。到 2008 年，"台风"战斗机还能携带"流星"超视距空空导弹和"风暴之影"导弹及德国和瑞典萨伯研制的"金牛座"导弹。

"当头炮"会退出空战舞台吗

英国皇家空军要求"台风"战斗机卸下"当头炮"，从另一个角度折射出目前世界航空武器"重弹轻炮"的一种潮流。

战斗机的机关炮使用起来的确是有许多"劣势"。在现代空战中，战斗机使用航炮要具备这样一些条件：首先是两架飞机的距离要近，一般来说，航炮的发射有效距离都在 1000 米之内，两机相距 400~800 米是最佳的攻击距离，对于现代战斗机来说，1000 米的距离实在太近了。其次是攻击一方的战斗机要占据有利位置才能开炮，这种有利位置一般是指目标机的后方，要占据这样的位置是非常困难的。还有，如果目标机进行机动飞行，航炮攻击的效果就非常有限。所以，航炮在现代空战中的作用受到了越来越多的质疑。

根据 20 世纪 90 年代的几场空战统计，航炮的使用率远远低于航空导弹的使用率。如果我们看一看空空导弹的攻击距离就会知道，为什么导弹会成为战斗机的"撒手锏"。我们就以美军的 AIM - 120 先进中距空空导弹为例，其攻击距离为 75 千米，在这样的距离上攻击对方的飞机，就是一场"看不见的攻击"，对手还没有发现你,你就已经向他发起了攻击。一般来说,战斗机在进行空战的时候,除了要携带中距空空导弹还要挂载格斗导弹,比如"响尾蛇"空空导弹,如果中距空空导弹没有击中目标,当目标进入 10 千米左右的距离上,格斗导弹就会发挥作用,"响尾蛇"空空导弹的最大射程达到 17 千米,10~14 千米是它最佳的攻击距离。使用导弹远距离进攻可以有效地"保护自己,消灭敌人",战斗机的"当头炮"自然要受到冷落。

可以这样预见:未来的空战将是导弹战,航炮将会退出空战的舞台。

10　　越摔越飞的"鱼鹰"直升飞机

◇ ……………

　　蝙蝠是动物界的另类，它非禽非兽。其实飞行器家族中也有"蝙蝠"，V－22"鱼鹰"倾转旋翼飞机就是飞行器家族中的"蝙蝠"。你看它的模样十分独特，它既不是直升机也不能算做严格意义上的固定翼飞机，它是飞行器家族中的另类。美军对这个"另类"十分钟爱，2008 年 4 月初传来消息：美国空军和海军陆战队与贝尔/波音公司签订了一笔为期 5 年的合同，要花 104 亿美元订购167 架 V－22"鱼鹰"倾转旋翼飞机。

　　V－22 在它诞生的过程中多灾多难，几乎"胎死腹中"，并且多次坠毁，美军中有数十人为它命丧黄泉。可是美军为什么仍旧

"执迷不悟",如此青睐它? V－22 到底有什么优势? 历经十八载,V－22 终于飞进美军,它的"从军"之路布满了谜一样的色彩。现在就让我们走进 V－22 的世界,看一看它的真面目。

谜之一:为何屡摔屡飞

有人说,在飞行器的试飞史上,V－22 是造成人员伤亡最多的飞机,这话听上去有点过分,不过 V－22 在研制试飞的过程中多次坠毁确实是事实,其中死人最多的一次试飞事故曾经造成 19 人死亡。这次事故发生在 2000 年 4 月 9 日上午 11 时,当时美国海军陆

MV－22B "鱼鹰"

战队的一架 MV－22"鱼鹰"倾转旋翼飞机在亚利桑那州距图桑基地 32 千米处坠毁，机上 19 名人员全部罹难。据说当时正在进行一次疏散演练的试飞。最让人惊奇的是，这次葬身 MV－22 机腹的 19 人中有 4 人是美国总统的直升机"海军一号"的机组人员。"海军一号"和"空军一号"都是美国总统的座机，"海军一号"是海军的一架直升机，它经常出没于白宫的南草坪。美国总统在作短途飞行时，常常乘坐海军陆战队的直升机，也就是"海军一号"。可是，为什么"海军一号"的机组人员会坐上了"鱼鹰"呢？据说，这架 MV－22 正在进行疏散人员的演练，看来"海军一号"的机组人员是被当作了疏散人员，从地球上永远地"疏散"走了。2000 年 11 月 11 日，又一架 MV－22 因为液压系统泄漏，4 人丧生。

在此之前，V－22 还发生过多次事故：1991 年的 6 月，"鱼鹰"在进行处女飞行时，飞机坠毁，没有人员伤亡。此后不久，在一次飞行表演时，一架 V－22 的发动机莫名其妙地起火，机上 7 人当场死亡。这次事件惊动了当时的美国总统老布什，他下令停止 V－22 的研制。克林顿上台后，又恢复了 V－22 的研制计划。2006 年 7 月 10 日，美国海军陆战队的一架 V－22"鱼鹰"倾转旋翼机在它飞往范堡罗航展的途中，因右侧发动机发生压气机失速故障，被迫在冰岛进行所谓"预防性着陆"。这次故障有惊无险，虽然没有前几次那样严重，但是在美军中仍旧留下了深刻的印象。

倾转旋翼飞机的发展一直不很顺利，在半个多世纪的时间里，全世界一共研制过 43 种不同型号的倾转旋翼飞机，但是都半途而废，可是美军一直念念不忘这种"蝙蝠"式的飞机。早在 1981 年，美军就提出了"多军种先进垂直起落飞机"计划，要求研制一种各军种都可以使用的能够垂直起降的军用直升飞机。随后，美国的贝尔公司和波音直升机公司开始了长达20多年的研制生产过程。

1985年1月，V-22这个飞机编号被正式确定下来，绰号叫"鱼鹰"，美军各个军种根据用途使用不同的编号。美国海军陆战队使用的"鱼鹰"编号为MV-22；美国海军搜索救援型"鱼鹰"的编号为HV-22；海军反潜型"鱼鹰"的编号为SV-22；美国空军使用的"鱼鹰"编号为CV-22。有人说：V-22"鱼鹰"从设计

能垂直升降的 MV-22B "鱼鹰"

思路上来看是一种革命性的变革，它既不是直升机那种旋翼飞机，也不是普通的固定翼飞机。它的旋翼可以偏转，偏转的角度从 0 度到 90 度。也就是说，当它的旋翼偏转到 90 度的时候，它就可以像直升机一样垂直起降了。当它升空之后，旋翼又可以偏转回来，这时的 V-22 又可以像固定翼飞机那样飞行了。这样设计的好处是非常明显的：它比直升机飞得快，它又可以像直升机一样垂直起降。它的速度可以达到 510 千米/小时，航程可以达到 3336 千米，更重要的是，这样的飞机运载能力比直升机大很多，又可以垂直降落，这是一个非常诱人的计划，这也是美军梦寐以求的机型，美军当然会不遗余力"屡摔屡飞"了。

在 V-22 研制之初，美国海军表示至少需要 50 架搜索救援型和 300 架反潜型的 SV-22，美国海军陆战队表示需要 552 架，美国空军计划购买 50 架远程作战型的 CV-22。意大利的一家公司表示愿意共同合作生产民用型的"鱼鹰"。这是一笔大买卖，两家飞机制造公司争先恐后地开始了研制。遗憾的是，这只"鱼鹰"表现欠佳，还没有开始"捉鱼"就多次折翅沉沙，有点大煞风景。不过这并没有摔掉美军对"鱼鹰"的钟情。

谜之二：起死回生为哪般

尽管美军对这个怪模怪样的飞机钟爱有加，但美国国会和国防部对这种独一无二的飞行器态度依然极为冷淡。"鱼鹰"是在 1985 年才正式得到这个命名的，当时的美国贝尔公司和波音公司联合组成了研制小组，着手研制"鱼鹰"的全尺寸发展计划。经过几年的努力，1989 年 3 月"鱼鹰"首次飞上了蓝天。就在这个时候，美国国防部宣布：停止"鱼鹰"的发展计划，原因有两个，一是这种崭新概念的倾转旋翼飞机的技术风险太大，二是每架飞机的价格太贵，当时研制公司提出的单价为 3000 万美元，目前美国空军 CV－22 小批量生产型的单价已升至 7440 万美元，美国海军 MV－22 试生产型的造价则高达 9440 万美元。据统计，从 20 世纪开始研制 XV－3、XV－15 到 20 世纪 80 年代开始研制的 V－22，贝尔公司、波音直升机公司和美国军方已累计为这种特殊的飞行器投入了 1600 亿美元的巨额研制费。美国国会在 1990 财年和 1991 财年，停止为该机研制计划拨款。这无异于要给一个嗷嗷待哺的婴儿断奶，没有国防部的支持，"鱼鹰"面临下马的命运。

美国国防部给"鱼鹰"断奶不是没有道理。从技术上来说，倾转旋翼飞机的发展已经经过了 3 个发展阶段，历时 50 多年，至今还不很成熟。美国从 20 世纪 40 年代就开始进入了研制倾转旋翼飞机的阶段，当时研制的倾转旋翼飞行器编号为 XV－3，20 世纪 50 年代初就进入了试飞阶段，后来由于技术不成熟，停止了发展计划。20 世纪 60 年代又开始了新一代倾转旋翼飞机的研制，当时研制的试验机的编号为 XV－15，经过几年的研制，XV－15 在各个方面都达到了军方的技术要求。20 世纪 80 年代初，XV－15 首先在巴黎的航展上公开亮相，一时间轰动了整个巴黎航展，人们看到了一种全新概念的飞机，这种飞机既具有直升机的垂直起降能力，又能够像固定翼飞机那样飞行，它比直升机的飞行速度快，又不需要长长的跑道。有人惊呼：世界航空史上又多了一种全新概念的飞机。许多国家对这种飞机产生了兴趣。美国军方也立即宣布了"多军种先进垂直起落飞机计划"，也称为 JVX 计划。这个计划规定：垂直起落运输机要能够满足美军的陆、海、空和海军陆战队四个军种的需要。

受到美军 JVX 计划的鼓舞，美国的贝尔公司和波音公司开始了漫长的研制过程。可是过了不久，美国陆军就宣布退出这个计划，也就是说，陆军不再对研制的飞机提出要求，当然也不会购买这种飞机。

随后，美国国防部就宣布停止对这个计划的全部投资。眼看"鱼鹰"就要胎死腹中，就在这个时候，一件意想不到的事情发生了：美军在 1989 年，进行了一次流产的营救行动，参加营救任务的一架运输机被对方击落。美国军方感到执行营救任务，需要一种机动灵活、飞行速度快又不依赖机场的运输机，而"鱼鹰"正好满足了军方的这个要求。1993 年，美国国防部决定为"鱼鹰"计划全面投资，"鱼鹰"开始了第三个阶段的发展。

虽然"鱼鹰"又起死回生，但是美军的采购数量已经大打折扣，按最初计划，美国防部应采购 913 架四种型号 V－22 "鱼鹰"倾转旋翼飞机。但由于美国防部对研制计划消极抵触，结果研制反潜型的 SV－22A 计划全部被取消，整个采购数量减少到 657 架。根据计划，从 1998 年 6 月开始生产 5 架 V－22 "鱼鹰"，于 1999 年交付美海军陆战队使用。2000—2002 年，分三批再向海军陆战队交付 20 架。预计，美国防部共采购 523 架，其中海军陆战队采购 425 架

MV－22，将作为运输和机降飞机，全部取代海军陆战队使用的 CH－46 和 CH－53 直升机。海军采购 48 架 HV－22，作为航母和大型作战舰只使用的搜索救援机、电子干扰机。空军采购 50 架 CV－22，作为特种作战飞机，以取代 AC－130H 和 MC－130E/H 型特种飞机以及 MH－53J 直升机。

V－22 研制发展进程尽管缓慢，但是曙光乍现，这对曾经退出V－22 计划的美国陆军又有了触动，美国陆军提出要"重返"V－22 计划，不过他们不是简单的"重返"，而是提出了自己的新要求。美国贝尔公司和美国陆军几乎同时宣布，一种能够满足陆军需

倾转旋翼的 MV－22B "鱼鹰"

要的特大型宽机身四旋翼倾转旋翼飞机也要上马。更让人关注的是，美国陆军要求 V－22 是一种可以"停止/折叠桨叶"的倾转旋翼飞机，也就是说，美国陆军使用的 V－22 可以在飞行中将倾转旋翼的桨叶折叠起来，停止使用旋翼，采用其他动力飞行，这样就可以大幅提高飞行速度。这样，美军四个军种都有了倾转旋翼飞机。

两个旋翼的飞机已经事故频出，四个旋翼的倾转旋翼飞机的技术风险更大。军方透露，这种四个旋翼的倾转旋翼飞机，将会大量"克隆""鱼鹰"的现成系统和技术，是在现有的"鱼鹰"的基础上改进设计的，甚至就是"鱼鹰"的放大型。说到容易做到难，新型的"鱼鹰"当然不会是简单的"克隆"V－22"鱼鹰"，因为这种新型的"鱼鹰"要承担运输轻型装甲车、"阿帕奇"武装直升机、多管火箭炮这样的较大型武器装备，要有推力更大的发动机、更完备的电子设备，外形也要有所变化。美国陆军还宣布，新型的"鱼鹰"可以进行空中加油，转场的航程 3700 千米，机上可以运载 90 名全副武装的士兵。这真是一个雄心勃勃的计划，如果这个计划得以实现，那么美军就多了一种"可迅速将美军士兵运送到世界任何热点地区的飞行器"，将具有真正的"全球自部署能力"。

谜之三："鱼鹰"有什么"撒手锏"

有人分析说：V－22 之所以能够"起死回生"而且"屡摔屡飞"坚持至今，主要是因为这种飞机有强大的"撒手锏"：V－22 是一种安装了武器的新型倾转旋翼飞机。

V - 22 的"撒手锏"厉害吗?

应该说 V - 22 的机载武器系统是一种可以"自定义"的武器,也就是说可根据执行任务的性质进行选择。比如在执行一般任务时,可在货舱内安装若干挺 7.62 毫米或 12.7 毫米机枪,在机身的头部下方安装旋转式炮架。V - 22 的机身两侧可以安装鱼雷和导弹挂架,在执行不同任务时,可以选择不同的武器挂载。V - 22 的武器系统由通用动力武器系统公司承担开发和设计任务。波音公司已经为三套 V - 22 炮塔系统的设计、开发、制造和测试支付 4500 万美元。通用动力公司为 V - 22 "鱼鹰"飞机开发的炮架系统包括 1 门 12.7 毫米加特林机枪、1 个轻型炮塔与 1 个线形复合弹舱和供弹系统。这种炮塔能左右各旋转 75 度、上仰 20 度、下俯 70 度,位于机头正下方,供弹系统则位于驾驶舱下方。这个系统可以为 V - 22 "鱼鹰"飞机提供压制火力,提高战机生存能力。美国海军对通用动力公司提供的武器系统并不满意,为了适应海军的作战需求,美国海军航空系统司令部曾经招标研制一种新型 12.7 毫米机枪,用于 V - 22 和其他海军飞机。美国海军对这个武器系统的要求是:安装有 12.7 毫米机枪的枢轴,机枪安全性好,采用开闩待击以防止枪弹自燃;这个武器系统的射击速度快,射速超过 1000 发/分钟,40000 发子弹之内无需送往武器维修基地进行保养,配有容量分别为 100、300 和 600 发子弹的弹箱,通用性要好,可以发射北约所有的制式 12.7 毫米枪弹,包括脱壳弹药。V - 22 的武器系统最终能否达到这样的要求,还有待于进一步观察。

应该说,V - 22 还有很多谜一样的问题有待解开,让我们共同关注这个谜一样的"蝙蝠"吧！

链接： V－22 基本数据

旋翼直径 11.58 米，翼展 15.52 米，机长 19.09 米，机高 6.90 米，海平面巡航速度 185 千米/小时（采用直升机方式飞行）和 509 千米/小时（采用固定翼方式飞行），实用升限 7925 米，起飞滑跑距离 152 米，航程 2225 千米（满载，垂直起降）和 3336 千米（满载，短距起降），空重 14463 千克，正常起飞重量达到 21545 千克（垂直起降）和 24947 千克（短距起降），最大起飞重量为 27442 千克（短距起降）。

定格空中战场的硝烟

11　　U－2高空侦察机的神秘档案

◇ ∙∙∙∙∙∙∙∙∙∙∙∙∙∙∙∙∙

　　说起 U－2 高空侦察机，我国的读者都不会感到陌生，因为 U－2 侦察机曾经多次窜入我国领空进行间谍活动，"侦察——被击落，又侦察——又被击落，再侦察——再被击落……"如此反复 5 次，这就是 U－2 这个空中间谍在我国大陆地区画出的"死亡轨迹"。军事博物馆曾经展出了被击落的 U－2 侦察机的残骸。1962 年 9 月，空军司令员刘亚楼向毛泽东主席、刘少奇副主席汇报了空军地空导弹部队击落 U－2 侦察机的详细情况。1962 年 9 月 20 日，毛泽东主席接见了击落 U－2 侦察机的空军地空导弹某部二营营长岳振华。

细细算来，U-2 侦察机诞生至今已经 50 年了。

人过半百就要步入老年的行列，可是 U-2 侦察机却"青春勃发"，仍旧活跃在军事舞台上。

U-2S

在这半个世纪中，U-2 的外形没有太大变化，但是它曾经改名换姓，它也曾经更换五脏六腑，它还一度"告退隐居"，后来它又重披战袍。50 年风风雨雨，U-2 时隐时现，我们翻开它的档案，看看它有哪些神秘之处吧！

一波三折隐秘出世 飞行表演是"催生婆"

在世界飞机生产的历史上，侦察机的研制和生产最为隐秘。U-2侦察机是冷战时期美军研制的第一种专用侦察机，当它在洛克希德公司的设计室里开始描画蓝图的时候，知道它存在的不足10个人。

那是1953年的一天，洛克希德飞机公司的研发部主任凯瑞在美国五角大楼听到了一个让他兴奋的消息：美军对 RB-57 侦察机的表现十分不满，希望有一种能够替代 RB-57 侦察机的新型侦察机。RB-57 侦察机是在轰炸机的基础上改进而成的，尽管它在当时的表现已经让苏联感到威胁，但是它毕竟很不"专业"。凯瑞看到了商机。很快，洛克希德公司就给五角大楼送来了一份第9732号研发报告，这份报告说，洛克希德公司可以根据军方的要求，研制出"飞得高、速度快、飞行距离远、侦察能力强的高空侦察机"。这种侦察机以 XF-104 原型机的机身和尾翼，加上翼展为 21.54 米、展弦比为 10 的机翼，作为新型高空侦察机的主要机体设计；飞行高度22250米，足以躲开当时苏联各种高射炮、导弹和战斗机的拦截；任务半径为 3200 千米，有效载荷为 270 千克；发动机采用通用电气公司制造的 J57，推力为4200千克。如果军方认可，公司决定让当时世界上最著名的飞机设计师克利·约翰担任项目的负责人。洛克希德公司还根据军方的要求，提出了具体的设计构想：为了让飞机飞得高，能减轻重量的地方全部去掉，这种高空侦察机不设计自卫武器，也就是说机身上不安装任何攻击武器，就连保护飞行员生命的座舱加压设备都省掉了。它的起落架像自行车一样，安装在机翼两端，飞机起飞时靠人扶着。为了增加升力，机翼的长度是机身的两倍，这样飞机的升力大，飞行距离远。

可是，军方对洛克希德公司的"投怀送抱"并不满意。当洛克希德公司的这个设计方案送到美国战略空军司令面前的时候，受到了冷遇，战略空军司令对这种没有枪没有炮，甚至连飞行员的生命都不顾及的侦察飞机不屑一顾，拂袖而去。洛克希德公司赶忙出来解释：没有设计飞行座舱的加压设备完全是为了减轻飞机的重量，为了保证飞行员的身体不受高空低气压的伤害，专门为这种飞机的飞行员设计了高空抗荷服和高空代偿服。

这个"高空侦察机"项目被冷落搁置了一段时间，还是苏联的一次航空表演"救活了""高空侦察机"的项目。我们还是从苏联的一次航空表演说起吧！

事情发生在 1955 年 8 月。这一天，苏联在莫斯科附近的图申斯克机场进行了一场飞行表演，主要展示苏联一种新型的轰炸机 M－3。表演开始后的一个小时，第一批 10 架 M－3 出现在莫斯科河上空。它们呼啸着掠过人们的头顶，然后转弯，消失在天际。几分钟后，第二批 18 架 M－3 又出现了，接着是第三批……应邀观看的各国外交官们看得眼花缭乱。然而轰鸣的机群似乎没完没了，不停地出现在莫斯科上空。美国空军武官查尔斯·泰勒观看了这场表演后，十分震惊。他非常奇怪：苏联的这种新式战略轰炸机要比刚刚装备美国空军的同类型轰炸机多 4 倍。表演一结束，查尔斯·泰勒立即赶回使馆，他把看到的这个情况写了出来，几个小时以后，华盛顿收到了一份来自莫斯科使馆的"特急密电"。

其实查尔斯·泰勒中计了。莫斯科上空的轰炸机飞行表演完全是一场精心策划的以少充多的闹剧。原来，苏联人为了显示远程航空兵的军事实力，精心导演了这次飞行表演。一切都极其简单，参加表演的轰炸机不过是同一批飞机。第一批飞过后，在远离机场处加入另外几架组成第二批，周而复始。使泰勒震惊不已的第二批18架飞机，实际上几乎是苏联远程航空兵的全部家当。当时的苏联领导人赫鲁晓夫想用这种办法显示实力，以取得与当时的美国总统艾森豪威尔平等对话的地位。赫鲁晓夫的计谋得逞了。

莫斯科的轰炸机表演确实使美国总统和情报部门惊恐不安。苏联人生产了这么多轰炸机，怎么一点迹象也没有发现？苏联人还有一些什么新式武器？美国总统急于掌握这些情况。为了及时掌握苏联人生产的秘密武器，美国中央情报局提出，需要一种侦察机。

早在1954年年初，在白宫研究"如何防止苏联人的核攻击"的一次会上，美国中央情报局就提出，要尽快研制出一种高空侦察机，以便侦察苏联的情况。会议决定成立以詹姆斯·基里安为首的专门委员会，并提出装备有高精度大型相机的轻型高空飞机可胜任这一任务。

1954年12月，美国总统批准了中央情报局局长杜勒斯提出的制造30架新型侦察机的计划。在此之前，洛克希德公司按照五角大楼的决定，已着手进行研制。艾森豪威尔总统规定：新研制的侦察机首飞日期不得超过一年。这项计划的经费不需要国会单独批准，而是从中央情报局局长特别基金中挪出 3500 万美元，计划的具体实施由中央情报局副局长、"上升之星"里查德·比塞尔负责。

比塞尔集中了美国最好的飞机设计专家，其中包括曾设计过能飞 24000~27000 米高飞机的著名工程师克利·约翰和照相机制造专家杰尔。设计工作紧锣密鼓地展开了，很快就通过了设计方案。按照比塞尔的说法，新式飞机更像一个周围装着照相机的空中风筝靶。斜向后切的高高的垂尾在飞行中阻力很小。15 米长的机身，配上纤细修长的双翼，从航空动力学的观点来看，几乎完美无缺。新型飞机很像滑翔机。正是由于这点，使它能在当时所能达到的最大高度、以最省的油耗飞行 10 小时以上。这就是 U-2 飞机。

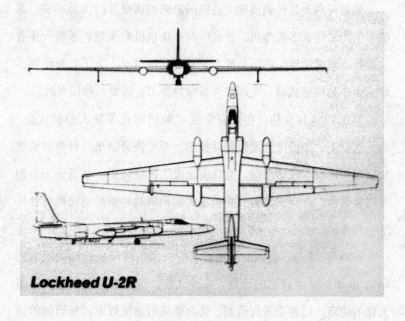

Lockheed U-2R

U-2 飞机图纸

我们知道，军事科研项目启动之后，为了保密都有秘密的代号，军用飞机的研制都会命名绰号。U-2 也有一个绰号："蛟龙夫人"。不过，这个绰号是在设计之初就有了，还是后来才取的，众人的说法不一。"蛟龙夫人"这个绰号人们叫得并不多，倒是 U-2 的另一个绰号却让人至今不忘。当 U-2 被描画出蓝图的时候，负责这个研制项目的一位科学家眯起双眼，细细端详着图纸上的这个样子怪怪的图形，感叹地说："它真像一个双臂修长，体态轻盈的模特小姐。"他的自言自语，在设计小组中引起了反响，有人提议用"我们的小姐"来称呼这个即将出世的侦察机。你看：U-2 的机翼长长的真像模特小姐那修长的双臂，它的翼展（从左机翼的翼尖到右机翼的翼尖）为 24.38 米，机长（从机头到机尾）只有15.1 米，机翼的长度远远超过了机身的长度，又宽又长的机翼，使飞机拥有巨大的升力。为了保密，当时的设计小组确实需要给设计项目取一个代号，这个提议立即得到了大家的响应，当时有人又补充说："我们设计的飞机通体都是黑色的，叫它'黑小姐'更恰当。"从此，"黑小姐"这个绰号就在设计小组中叫开了。当然，这只是一个传闻，现在已经无法考证。不过，"黑小姐"这个绰号一直流传至今。

苏联人忍气吞声　U-2 飞机有机可乘

U-2 侦察机诞生了，它深知自己的使命：为冷战而出世，更要为冷战而出征。U-2 蠢蠢欲动了。

U-2侦察机在世界不少地方都有自己的"家"，其中主要的有这样一些军事基地出现过U-2的身影：美国的阿拉斯加空军基地、英国的拉肯希思空军基地、德国的威斯巴登基地、巴基斯坦的白沙瓦机场、日本的厚木空军基地、土耳其的阿塔那机场和中国的台湾省的机场。

1956年6月10日，比塞尔在白宫一次会议上提出了在苏联上空飞行的一个详细计划。最后的决定是总统在小范围内做出的。了解内情的只有中情局长艾伦·杜勒斯、他的兄弟约翰·杜勒斯以及总统的私人秘书安德鲁·古德帕斯特。"飞行被批准了，但只限于最近两周内进行。"古德帕斯特通知等在白宫接待室中的中情局副局长比塞尔说。

气象预报表明，3天后，苏联的欧洲部分天气晴朗。比塞尔立即下达了飞行命令。1956年6月14日，U-2从联邦德国的威斯登堡起飞，航向直指莫斯科。它若无其事地飞过克里姆林宫的上空，然后又得意洋洋地转向列宁格勒，最后飞往波罗的海沿岸。U-2侦察机落地后，很快拿出了在2万米高空拍摄的照片，克里姆林宫停车场上，小汽车的图像清晰可见，美国人惊喜万分。6月15日清晨，得意洋洋的比塞尔向其上司报告："艾伦，我们成功了！"当杜勒斯获知首飞路线后有些惊慌："第一次就这样，是不是太冒险了？""恰恰因为是第一次，它的危险性就更小。"这位有经验的副手说："上午10时我接到报告——整个密报只有一个字，但它明确地告诉我，任务完成了。这是个不寻常的激动人心的时刻。"这是21年后，早年的中情局副局长比塞尔的回忆。

面对 U-2 的入侵，当时的苏联人是什么态度呢？由于当时苏联还没有能把 U-2 打下来的武器，如果公布 U-2 飞到克里姆林宫上空，无异于承认本国防空力量软弱无力，所以苏联人只好忍气吞声。

　　美国看到苏联这样的态度，认为"有机可乘"，接着进行了第二次和第三次飞行。比塞尔打算最大限度地利用批给他的两周时间。后来他甚至按不同路线同时派出了两架 U-2 侦察机。U-2 飞机的这些侦察行动戏剧性地与当时美空军参谋长特文宁访问苏联的日期巧合，他莫名其妙地成了间谍活动的替罪羊。赫鲁晓夫 1960 年 5 月 9 日在捷克驻苏使馆讲话中说："他（指特文宁）离开我们的第二天，就派来了高空侦察机。该机飞到了基辅……只有畜生才会干出像特文宁那样的蠢事——在刚吃过的地方屙屎。"

　　在苏联的抗议下，艾森豪威尔一度下令中止飞行计划。然而，U-2 飞行中所拍摄的照片很快又使他改变了主意。在 2 万米高空拍到的克里姆林宫停车场上小汽车清晰的图像，比先前的高尔夫球场照片更有诱惑力。于是机翼修长的 U-2，一次又一次飞临苏联的领空。与先前不同的是，现在的每一次飞行，都要得到总统的亲自批准。

　　间谍飞行在继续。中情局确信高空侦察万无一失。

　　1957 年 6 月，U-2 带回来一个不祥的消息：在苏联拜克努尔靶场发现苏联的第一枚洲际弹道导弹 SS-6。通过高质量的空中摄影，美国人在导弹首次发射之前（8 月 3 日）就已相当准确地掌握了它的尺寸和基本技术特性。而包括遥控数据在内的补充情报，是通过距伊斯坦布尔 37 千米处的跟踪站获得的。当然，这仅反映了部分问题，重要的是要搞清计划生产的导弹数量和部署时间。答案只能根据建设中的发射场数量和试验强度等情报得出。

苏联第一颗人造地球卫星的发射成功，在美国国内掀起轩然大波。激进的记者们建议，忽视苏联工艺飞跃发展的艾森豪威尔总统，最好还是去关心他所钟爱的高尔夫球，而让能保卫国家并能组织有效侦察的人来当总统。《生活》杂志直言不讳地向美国人宣布：“如果我们不采取措施，那么不迟于 1975 年，美国将变成苏联的一部分。”然而美国当局清楚，所谓对美国的威胁是凭空臆造的。据中情局 1985 年的分析，苏联在生产和部署 SS－6 导弹上遇到困难。U－2 未发现大规模部署的明显征候。SS－6 导弹庞大而笨重，运输及安装困难。苏联在 1960 年才部署了其中的 5 枚。

虽然美国空中侦察未获得苏联大规模部署导弹的事实，但它的忧虑也不无原因。苏联 1959—1960 年一系列太空成就引人注目。精确的太空试验和强大的运载火箭（1959 年 9 月，SS－6 将重 1151 千克的飞行器送上轨道）证明了苏联火箭制造的巨大潜力。1960 年，苏联又开始组建战略火箭军。U－2 的工作量随着核—宇宙军备竞赛的速度加快而加重。

U－2 的空中侦察计划在 20 世纪 50 年代末达到顶峰。“只要提前通知我，那么 24 小时之后，我的 U－2 将出现在地球上任何一点的上空。”比塞尔曾在小范围内夸耀说。他的话很大部分是事实。除了威斯登堡之外，U－2 飞行中队还在土耳其的因契尔利克、挪威的博多、日本东京附近的美国基地活动……

在美中情局的同意和支持下，英国空军和情报机关积极参与U-2的间谍活动。英国飞行员在美国训练后，1960 年之前曾在因契尔利克飞行。大约有 1/5 的 U-2 飞行员是英国公民，不过，他们只执行艾登首相亲自批准的任务。

借助于日臻完美的空中照相的判读和处理技术，美国人获得苏联火箭技术和核武器生产的早期情报。采铀矿井、运铀矿石的列车、铀处理工厂越来越经常地出现在 U-2 拍摄的镜头中。通过分析矿井设备特点、车皮的数量和容量、工厂的规模，专家们可相当准确地判定核武器库的地点。

在参议院外交委员会的一次秘密听证会议上，艾伦·杜勒斯不厌其烦地历数 U-2 飞机的功劳：

（1）证实了苏联虽仍在进行远程轰炸机的生产计划，但数字已有很大削减，取而代之的是一种新型号的中程超音速轰炸机。

（2）了解到许多远程轰炸机机场、基地位置，远程轰炸机的部署和有关核武器储存场所的情况。

（3）对执行苏联导弹系统计划的具体地面设施进行定期观察。

（4）通过拍摄到的大量照片，提高了我们对苏联的透视能力，了解了苏联配置远程弹道导弹的原则和苏联利用这些场所训练部队的情况，还有苏联短程和中程弹道导弹的作战用途。

（5）提供了苏联在原子能计划方面极有价值的情况，如裂变物质的生产，武器的研制和试验，储存场所的位置、类型和规模。

（6）拍摄了苏联核试验场所的照片。

（7）拍摄到苏联铀矿砂开采和铀加工设施的规模及所在，有利于估计苏联裂变物质生产情况。

（8）找到了苏联全国性和地区性储核场所和转运储存场所。

导弹与间谍齐上阵　"蛟龙夫人""折戟沉沙"

在 U-2 间谍生涯的头几年里，苏联的导弹、战斗机没有对它构成过任何威胁。但是虽然"打不着你，却可以看见你"，苏联的雷达系统能准确地捕捉到 U-2 间谍飞机的飞行轨迹。为此洛克希德公司开始为 U-2 侦察机加装电子对抗设备。U-2 侦察机主要依赖高精度的航空侦察照相机进行侦察。它使用的 B 型照相机，透镜是由著名的莱卡公司（制造哈勃太空望远镜的公司）研磨制造，解像能力 1 毫米左右，当时属于超高性能透镜。B 型照相机放在狭小的相机舱内，非常轻便，包括胶片仅重 230 千克。照相机的大小为45.7 厘米×45.7 厘米，同时用 2 个胶片以立体摄影方式工作。侦察摄影胶片以柯达公司开发的超薄聚酯树脂（强化聚酯薄膜的一种）为基础，解像度高。

从 1958 年开始，苏联防空军开始更换武器装备，用新型的 SA-2 防空导弹取代了过时的 SA-1 防空导弹。第一批 SA-2 防空导弹部署在莫斯科和其他大城市以及重要设施周围。由于 SA-2 防空导弹的出现，美军 U-2 的飞行员被告知飞行时要远离防空导弹营阵地。

华盛顿和五角大楼笼罩在一种不祥的阴云下。美国总统艾森豪威尔也开始怀疑威胁美苏关系的 U-2 计划继续实施的合理性。

1959 年 9 月，苏联的赫鲁晓夫访问美国，为了这次访问，美国方面暂停执行 U-2 侦察机在苏联上空的飞行计划。1959 年 11 月，美国总统建议停止进入苏联领空的侦察行动，但遭到了五角大楼、国务院和中情局一些人的反对。美参谋长联席会议甚至劝告总统采取包括侦察方面"更积极和大胆的步骤"。

1960 年 4 月 9 日，U-2 从巴基斯坦途经乌拉尔至挪威的一次飞行结果，加速了结局的到来。空中摄影的判读，表明苏联正在乌拉尔地区进行大规模洲际导弹部署工作。这一情报对美国的全球战略具有重要意义。

美国总统艾森豪威尔及其幕僚们面临着重要的抉择。1960 年 4 月 9 日 U-2 侦察机送来的情报需要核实，与此同时，1960 年 5 月 16 日在巴黎将举行苏、美、英、法四国首脑会晤。华盛顿和全世界都把这次会晤当作是苏、美关系缓和的重要机会。1960 年 4 月 14 日，白宫举行了一次决定性的会议。就在这次会议上，之前一直积极推行 U-2 侦察计划的美国中央情报局副局长比塞尔，一反常态建议不要再以生命为代价冒险去苏联领空进行侦察。杜勒斯则坚持继续飞行。美国总统艾森豪威尔犹豫不决，担心继续到苏联上空侦察会危及巴黎会晤，而巴黎会晤的成功可能会给自己即将结束的总统任期画上一个圆满的句号。会上展开了激烈的辩论。

会议最后做出一个妥协的决定：既要侦察又不能无限期侦察下去。4 月 14 日晚，杜勒斯给比塞尔打电话说："飞行被批准了。当然为我们规定了期限，即无论如何也不能迟于距巴黎会晤前两周，就是说到 5 月 2 日之前。"杜勒斯看了一眼日历，"如果 5 月 1 日飞行怎么样?"比塞尔虽然惯于冒险,但这次他表示反对:"如果在美国国庆节这天在其国土上空飞行,美国人会说什么?""他们的心思会全部集中在庆祝和跳舞上,没人会注意这些。难道俄国人会例外吗?"中情局长坚持说,侦察日期就这样确定了。

U-2 飞机

因契尔利克基地,10-10 分队指挥官威廉·谢尔顿上校接到挑选有经验飞行员火速完成任务的命令。美国空军的 U-2 飞机飞行员弗朗西斯·鲍尔斯被选中。他有过 27 次驾驶飞机成功侦察的纪录。

杜勒斯的运气不错:1960 年 5 月 1 日是个晴天。使鲍尔斯的名字载入史册的这次飞行路线为因契尔利克—白沙瓦—博多。飞行开始很顺利。在 U-2 起飞之前，还派出了一架普通侦察机，按照 U-2预定的航线飞行，以吸引苏联防空雷达的注意力。

"当我飞抵斯维尔德洛夫斯克上空，"鲍尔斯回忆说，"我听到一声震耳的轰隆声，这可能是防空导弹的爆炸声。我的飞机当即失去控制，失去高度。"鲍尔斯在跳伞前甚至还未来得及与基地通话，然后降落伞带着他落向那个使他扬名的地方，鲍尔斯被活捉。本来鲍尔斯是不应该被捉住的，因为 U-2 飞机上安装了一种自毁装置，当飞行员跳伞后，自毁装置自动引爆飞机，使对方无法得到飞机的残骸。可是飞行员们担心跳伞装置还没启动，自毁装置先爆炸，所以飞行员没有使用自毁装置。

这是 U-2 高空侦察机第一次被击落。曾经有很多媒体报道说，这架美军 U-2 高空侦察机被苏联防空军击落，是因为克格勃的一个间谍，在 U-2 飞机起飞前，巧妙地更换了 U-2 飞机座舱里高度表上的一个螺丝钉。换上的这个螺丝钉是有磁性的，U-2 飞机的高度只有几千米的时候，磁性螺丝钉把高度表的指针吸引到2万米的刻度，致使飞行仪表显示的高度欺骗了驾驶员，在低空处于挨打的地步。这个故事被用回忆录或称纪实小说的方式出版，在全世界的军事界引起了长期广泛的关注。最近有人撰文说：这种说法不过是一种文学的演义，因为在当时世界上还没有一架飞机能保持在2万米以上的高空做较长时间水平飞行。U-2 飞机也不例外。该飞机最大时速为1000千米，巡航速度800千米。在高空水平飞行一段时间后，势必要降到一定高度。这样，这种飞机就难免成为苏军"游击导弹营"乃至米格飞机的靶子。U-2 飞机如此大幅度地掠过苏联国土进行战略侦察，无疑要经过几番升降，碰上了对方的战斗机跟踪就升高，甩掉之后就下降。几经折腾，被对方防空导弹部队掌握了飞行规律，在高空就成为导弹的靶子，在低空就成为米格飞机的靶子。米格飞机有几次险些击中该飞机。还有，既然克格勃间谍能爬入一架毫不熟悉的飞机，更换一枚不熟悉的螺丝，为何不用更简单的办法，在飞机要害部位贴上高强力的定时或遥控炸弹，这样比更换磁力螺丝不是更省劲、更安全、更可靠简便，飞机一飞入苏联腹地就引爆。以当时的技术，苏联是完全可以办到这一点的，而且这样做才符合克格勃一贯的做事风格。

其实，无论是克格勃的间谍"击落"了 U-2，还是苏联的"萨姆-2"击落了 U-2 并不重要，重要的是 U-2 这个"空中间谍"第一次被击落了，U-2 飞机没有了"神话"。

当然，U-2 的间谍飞行没有就此结束。

神秘部队机动设伏　空中间谍5丧黄泉

U-2 侦察机不仅仅窜入苏联领空飞行侦察，它还偷偷地飞入敏感地区进行间谍活动。1962 年 11 月，U-2 侦察机在古巴上空拍摄了很多照片，当这些照片被判图人员拼接起来之后，美国中央情报局发现了若干个导弹发射阵地，这些导弹发射阵地可不是那种"萨姆-2"防空导弹的阵地，这些阵地部署的全是地对地战略导弹，而且是当时苏联最先进的 SS-4、SS-5 战略弹道导弹，这些导弹射程大约在 3000 千米以上，它们瞄准着美国本土，对美国构成了极大的威胁。U-2的发现引发了一场著名的"导弹危机"，最后苏联不得不把40枚中程导弹全部拆除，这样才结束了这场"导弹危机"。U-2在这场"导弹危机"中扮演了"急先锋"的角色。

最值得一提的是，U-2在我国领空上被击落5架。这是U-2档案中最臭名昭著的一笔，也是我军防空部队历史上最值得大书特书的一笔。

20世纪50年代末60年代初期，我人民空军成立了一支神秘的543部队，这支部队专门对付飞到我国大陆地区上空的高空侦察飞行器。当时我人民空军的高射炮和战斗机还没有办法对付窜入大陆领空的高空飞行器。U-2高空侦察机可以飞到21000米以上，远远高于当时世界上所有高射炮和歼击机的作战高度。它的飞行距离又长，如果U-2从我国台湾起飞，它可以飞到中国内地最偏远的地方再返回台湾。U-2飞机的工程师为U-2飞机专门研制了用于高空侦察的B型高空照相机。B型高空照相机有非常规的镜头和容量惊人的胶片盒，它使用大型底片，这种底片每幅边长近46厘米，长达2500米。U-2侦察机每执行一次侦察任务，拍下的胶卷洗出照片可以堆满一间屋子。从U-2飞机拍摄到的核武器实验场和火箭发射场照片上，可以清楚地看到地面上高度机密的设施。除了照相侦察，U-2飞机还可以施行电子侦察，它可以自动跟踪记录各种波段上对方的机密电码和语音联络，留待专家分析破译。只要对方的雷达照射到U-2，那么雷达的位置、雷达波的所有特征也都会被"记录在案"。

20世纪60年代初期，U-2侦察机曾经大摇大摆地窜入我国大陆地区上空，实施照相侦察和电子侦察。1962 年 9 月 7 日，人民空军部队的一个轰炸机群从南京某机场轰鸣着起飞了，飞往江西的一个机场。江西的这个机场十分"热闹"，跑道上歼击机不断地起降，这是歼击机部队在进行正常的训练。很快轰炸机也加入了降落的行列。轰炸机的到来使得江西的这个军用机场变得非常拥挤，好像要发生什么大事情了。其实这只是"诱敌深入"的一场演习。敏感的 U－2 当然不能放过这样的机会，它要来看看这里到底发生了什么事情。"黑小姐"梳理完毕打扮停当就要出动了。

　　1962 年 9 月 8 日，一架 U－2 果然出动了，但它没有到江西来，而是在广州奇怪地转了一圈。这个"黑小姐"到底要干什么？空军导弹某部的营长立即召集了一个作战会议，大家分析，9 月 8 日这架 U－2 有可能是在做反导弹机动飞行。导弹发射前必须接通电源，而接电时间稍长，就必须等 22 分钟后才能再次接电，无法发射导弹。这时，U－2 突然掉转头穿过广州上空照相侦察，让人措手不及。9 月 9 日 7 点 32 分，U－2 由平潭岛进入大陆，飞过福州、南平，然后沿着鹰厦铁路向北，朝南昌飞来。这时，U－2 翅膀轻轻一抬，避开南昌，似乎它此行的任务和南昌毫无关系。8 点 24 分，在九江 2 万米上空，U－2 突然掉转回头，朝向塘机场直冲过来。早有埋伏的我地空导弹部队抓住时机，立即开火，随着江西南昌上空的两声爆炸声，U－2 一个倒栽葱坠落下来！

　　这次 U－2 被击落后，美国立即为 U－2 飞机改进了电子干扰设备和告警回避系统，继续使用这种飞机进行侦察。1963 年 3 月至 9 月，U－2 飞机窜至兰州、西安等地区，曾三次临近地空导弹火力范围而机动脱离。于是，解放军空军又反复研究对策，决定采取新的战术手段，对付 U-2 飞机的机动脱逃。1963 年 11 月 1 日，一架 U-2 飞机从台湾起飞，从浙江温州进入大陆西窜。解放军空军地空导弹部队指挥员根据它的活动规律，判断它返航时可能通过导弹设伏地域，便命令参战部队继续做好打击准备。这架 U-2 飞机经过信阳、潼关，窜至玉门后，果然按照以前的航线回航。14 时 3 分，各地空导弹营先后捕住了目标。执行打击任务的地空导弹营营长在雷达突然丢失目标的紧要关头，立即命令制导雷达捕捉目标，发射导弹。这架经过改进的 U-2 型飞机当即凌空爆炸，飞行员跳伞着陆后被擒。在这以后的三年中，我军空军地空导弹部队又在漳州、包头、嘉兴等地共击落 3 架 U-2 飞机。

老牌间谍披挂出征 "黑小姐" 坠入汽修厂

世界进入 21 世纪，有关 U-2 侦察机的新闻仍旧不断。这里就有两则值得一说的新闻，一条是：2003 年 2 月 17 日联合国武器核查小组首次使用美制 U-2 侦察机对伊拉克进行空中核查。当天一架 U-2 侦察机于当地时间 11 时 55 分进入伊拉克领空，对地面数个可疑地点进行了侦察，整个侦察活动持续了 4 小时 20 分。

另一条新闻是：2003 年 1 月 26 日下午 1 时 58 分，一架从韩国乌山空军基地起飞准备执行侦察任务的美国空军 U-2S 型侦察机突然下坠撞击在汉城以南 50 千米京畿道华城市郊外一处汽车修理厂和民房屋顶上，飞机随惯性继续滑行至距修理厂 40 米的山坡上爆炸起火，巨大冲击力使飞机残片散落在四周半径为 100 米的范围内。飞行员因及时弹离机舱而幸免于难，3 名地面上的韩国平民在爆炸中受伤。

坠毁的这架 U－2S 型侦察机由美国洛克希德飞机公司于 1988

停放在机库中的 U－2S 高空侦察机

年制造，最初是 U－2R 型，1996 年 1 月被改装为 U－2S 型。其在部队的装备序列号为 80－1095，机尾号为 095，隶属于美国空军第九侦察机联队驻乌山空军基地的第五侦察机中队。这架改进后的 U－2S 型战略侦察机最高飞行高度可达 27000 米以上的高空，超出绝大多数地对空导弹的射程，最长空中驻留时间为 10 小时以上，最远航程 7500 千米以上，价值约 4 亿美元。

目前，在美国空军服役的 U-2 飞机共有 32 架，分别部署在重要的海外美军战略基地，间断性地对相关目标实施侦察，如英国的阿肯伯利皇家空军基地、塞浦路斯的阿克罗特里空军基地、沙特阿拉伯的塔夫空军基地等均有 U-2 的身影，而其总部则是美国加利福尼亚州的比尔空军基地。

在 1991 年的海湾战争中，美军有 6 架 U-2R 被派往前线，执行侦察任务。

现在，U-2 间谍飞机仍旧悄悄地飞行在蓝天上。不过这些"黑小姐"都是经过改装的，机上的电子设备更先进。经过改装的 U-2R 曾一度改名叫 TR-1。1992 年，美国空军决定取消 TR-1 的称呼，统称 U-2R。现在飞行在空中的 U-2R 是一种多功能的飞行平台，它可根据任务的需要携带不同的传感器。也就是说，它是一种采用模块式组件系统的侦察平台，它的机身内装满了各种各样的传感器，如果需要，还可以根据任务加以更换。它的核心系统是高级合成孔径雷达系统，这个系统安装在机头舱内，它的功率十分强大，探测距离已经超过了大型空中联合监视、指挥机的探测距离。这些传感器的价格，已经远远超过了 U-2R 的价格。根据联合国宪章和国际航空法的规定，任何飞机未经许可，不得在别国领土上空飞行，U-2 当然不能例外。可是，据美军侦察机联队的司令透露："U-2R 根本用不着到别国领土上空飞行，也能侦察到需要的情况，这其中的道理十分简单，飞机飞得越高，看得就越远。U-2R 的飞行高度近 3 万米，视角是很大的，U-2R 不必飞越对方的防线就可以侦察到纵深 55 千米的情况。

U－2R 可以飞越近 3 万米的高空，在这样的高度飞行，如果座舱的压力不足，飞行员的血液和体内的其他液体就会沸腾。所以，座舱的加压设备十分重要。在高空飞行对飞行员来说是挺轻松的，飞行员只要打开自动驾驶仪，U－2R 就可以在全球定位系统（GPS）的协助下自动飞行，飞行员可以腾出手来监控飞机的各种系统，让它们正常工作。U－2R 还有一个优点，如果发动机出了故障，飞行员也不用担心飞机会坠落，因为 U－2R 那巨大的机翼可以帮助飞机滑翔飞回地面。

U－2R 的缺点也是十分明显的，在起飞和着陆时，它需要三四十名地面人员的配合才能完成。驾驶 U－2R 的飞行员需要经过严格的挑选，他们必须具备高超的飞行技能和灵活的应变能力。U－2R 的飞行员一般都从驾驶过其他飞机的飞行员中选拔。据透露，在 U－2R 诞生后的 40 年时间里，大约只有 600 名飞行员驾驶过 U－2 执行任务。

U－2R 的起落架是自行车式的，不像战斗机那样是三点式的。为了防止修长的机翼在落地时触地，每侧机翼下有一双扶持起落架。U－2R 的续航时间可达 10 多个小时，为了给飞行员提供食物，机舱里还装备了食物加热器，飞行中可以加热食物。

链接：细说 U－2 家谱

U－2 是美国空军的全天候、单引擎、亚音速高空照相侦察和电子侦察飞机。由洛克希德公司研制，1955 年 8 月首飞，1956 年装备，共有A、C、D、R等型号装备美军，目前美军中有20多架C、D、R型服役。战时一般部署在战区二线机场。1978年开始，美军在U-2的基础上进行了较大的改进，改进后的编号叫做TR-1，后来又取消了TR-1的编号，仍叫U-2R。该机外观和U-2非常相像，体积稍大，主要区别是机载侦察设备不同，现有30多架，平时主要驻扎在英国。

U-2在数十年的发展中，衍生了多种改型。细细说起来，U-2有一个很大的"家谱"，我们不妨写下来，以备查找。

U-2/U-2A是装载J57发动机的原型机，总共生产了55架。开始改型的命名就是U-2，后来为区别其他的改进型而叫U-2A。现在仅存一架，保存在美国莱托帕库索的空军博物馆内。

U-2B停留在洛克西德公司研究阶段。

U-2C换装J75-P-13/13A发动机，推力7170千克。1958年开始试飞，升限增加至22860米。鲍尔斯侵苏被俘时驾驶的就是U-2C。

U-2CT，是由两架C型改进而成的双座型飞机。后座舱明显高于前座，用于教练用途。

U-2D是将两架U-2A改造成的双座型飞机，但未采用U-2CT的高后座布局。

U-2E是由U-2A改进的空中加油试验型飞机，只改造了3架。

U-2F是由U-2C改进的空中加油型号飞机，共生产了5架。机上加装了加油伸缩探管。

U－2G 是 U－2C 的航空母舰舰载改型。机上增加了着舰尾钩，机头下加装缓冲器、辅助起落架，襟翼前沿加装扰流片。

U－2H 以 U－2G 为基础，改用硬式空中加油技术。机上加油探管取消，改为硬式加油孔。U－2G 与 U－2H 因为重量增加，飞行性能有所降低。

U－2B/RT、TR－1A/B、ER－3 是 U－2 的高级发展型，名字虽不同，但只是同一型号不同阶段的叫法。U－2R 计划于 1965 年提出设计方案，翼展增大 4.9 米，机身延长 2.4 米。美空军与中央情报局对此计划都很感兴趣。起初计划定名为 U－2N，后来变为 WU－2C，最后叫 U－2R。最后研制成功的 U－2R 翼展为 31.5 米，机翼面积 92.9 平方米，翼型为 NACA64A 系列；机身长 19.13 米，截面积扩大，搭载有各种侦察设备的机头体积增大，水平尾翼也随之加大。除此之外，在升降舵上加装了角度变换系统，俯仰配平操纵更加简单。

U－2R 计划的最大目标是提高续航能力。其中机翼的大型化与机身截面积的增大起了重要作用，确保了机内燃油增至 11034 升。燃油采用低挥发性的 JP－7 型航空燃油。发动机采用的是 J75－P－13B，起飞推力达 7710 千克。当飞行高度达 18000 米时，推力仍可达起飞时推力的 90%；在以 M 0.56（700 千米/小时）速度巡航飞行时，耗油率仅 160 加仑/小时，所以 U－2R 的续航时间大大超过 U－2，达 18 小时。

随着华约装甲部队的不断增强，战术战场监视任务成为北约方面的重要课题。早在 20 世纪 70 年代初，美国空军提出了无人驾驶战场监视侦察机的方案。方案一出台，即遭到洛克希德公司的反对，并相应提出 U-2R 的战场监视机新方案。该方案在搭载监视侦察设备能力和巡航高度方面比无人方案好，比计划中的 F-111 监视型的滞空能力要强。因此洛克希德公司的方案得到了美国参谋长联席会议的支持。空军为了避免过多涉及 U-2 过去间谍飞机的形象，要求将新型号改名为 TR 型，单座型命名为 TR-1A，双座型命名为 TR-1B。

第一架 TR-1A（编号 80-1066）于 1981 年 7 月 15 日在巴姆代尔出厂，8 月 1 日首飞。TR-1B1 号机（编号 80-1064）于 1983 年 1 月完成，2 月 23 日首飞。这架双座型是 U-2 系列第一个专门制造的双座型。TR-1 共生产了 37 架，其中 A 型 32 架，B 型 3 架，ER-2 两架。1992 年 TR-1A/B 改称 U-2R/RT。

TR-1 型的若干改型简介如下：TR-1A 单座高空战术侦察型，机体与 U-2R 完全相同，装一台 J75-P-13B 涡轮喷气发动机。机上带有合成孔径侧视雷达与电子监听侦察装置，不用飞入敌国境内，即可侦察到纵深 55 千米以内的目标。TR-1A 还可以精密定位打击系统（PLSS）方式工作，3 架 TR-1A 沿三角形位置飞行，侦察敌方雷达等辐射目标。收集到的信息实时传给地面站，即可迅速计算数百千米外目标的精确位置。TR-1B 是双座教练型。ER-2 型基本与 TR-1A 相同，供美国国家航空航天局地球资源研究用。1981 年 6 月 10 日向美国国家航空航天局阿姆斯研究中心交付。1990 年有一架 TR-1 改装 F101-GE-F29 发动机并进行试飞，采用这一发动机可以提高维护性与飞行性能。海湾战争期间有 6 架

U-2/TR-1执行了战略、战役和战术侦察任务，无战斗损失。

U-2S/ST 是 U-2R/RT 的改型，发动机改用 F118-GF-101 型，推力为 8620 千克，比 J75 的推力提高了 12% 以上，燃料消耗

TU-2S 教练型"黑寡妇"侦察机

降低 16%，重量也减轻了 500 千克以上。因此 U-2S 的作战高度超过 24400 米，续航能力也增加不少。该发动机装有再启动装置，同时也更新了机上航空电子设备。机上加装了 ASARS-2 先进合成孔径雷达系统，该系统采用 MTI 移动目标显示器。这种型号最初的 3 架已于 1994 年 10 月 28 日交付美国空军，剩下的 U-2R 31 架、U-2RT 两架在 1998 年前也改进为 S/ST 型。

　　U-2从20世纪50年代初开始研制，至今已形成11种型号。它历经冷战各大事件，甚至是事件中的主角。经过上述改进，U-2必将在新的世纪里，发挥更大的作用。

　　由于U-2在高空飞行，对飞行员必须有相应的保护措施。飞行员需身穿高空代偿服，戴可以和代偿服连接密封的飞行头盔。作为一种大型而不强调机动性的飞机，飞行员使用方向盘来操纵U-2飞行。座舱为高空飞行进行了专门设计，向侧面打开的座舱盖能防高海拔的强紫外线。有后视潜望镜。飞行员途中可食用管状的宇航食品，可用座舱的食物加热器进行食物加热。

12

从"坐山观虎斗"到"大打出手"

◇ ·············

　　2008 年 6 月 7 日是一个晴朗的日子，也是一个阴沉沉的日子，我这样说并非故弄玄虚，这是因为，下面这个故事就发生在同一天的两个不同的天气里：在阿富汗坎大哈，这一天是一个晴朗的日子，而在美国拉斯维加斯市，郊外一个空军基地上空却阴云密布。此刻，英国皇家空军的两名飞行员，并没有因为空军基地上空漂浮着乌云影响自己的情绪，他们在美国拉斯维加斯市郊克里奇空军基地里，坐在电脑前面，聚精会神地操纵着远在一万一千多公里之外的阿富汗坎大哈的一架无人机。这架无人攻击机已经发现了需要攻击的目标了。

"无人机也能进行攻击，这是真的吗？""这是在描写电脑空战游戏吗？"也许有人会这样问。不，这可不是电脑游戏，这是一场战争，一场真正的战争，是一场战争双方相隔一万多公里的新型战争。

无人机没有战斗机、轰炸机那样名声显赫，但是在21世纪的天空上，无人机已经是一种不可忽视的力量。因为无人机可以执行三种有人驾驶飞行器所不敢、不能、不愿执行的任务，这就是：损害健康的任务——携带和投放核、生、化武器，或在受到核、生、化污染的环境中飞行；危险的任务——在敌方防空火力密集的区域和条件恶劣的空域内飞行；枯燥的任务——长时间滞留空中和远距离巡航飞行。

如今的无人机已经从诞生之初被动挨打的无人靶机，摇身一变成为具有攻击能力的无人攻击机。这期间，无人机走过了什么样的道路？发生了哪些蜕变？为了清楚地了解无人机的发展变化，我们有必要简单回顾一下无人机的发展历史。

诞生就是为"挨打"

无人机是无人驾驶飞机的简称。1917年3月，在第一次世界大战临近结束之际，英国一个研制无人机的科研小组研制出了世界上第一架无人机，当时这架无人驾驶飞机在英国皇家飞行训练学校进行了第一次飞行试验。可是飞机刚起飞不久，发动机突然熄火，飞机因失速而坠毁。尽管如此，航空界仍旧把这次试验作为无人机问世载入史册。过了不久，研制小组又研制出第二架无人机进行飞行试验。这次飞机在无线电的操纵下平稳地飞行了一段时间，但就在大家兴高采烈地庆祝试验成功的时候，这架小飞机的发动机又突然熄火了，失去动力的无人机一头栽入人群。两次试验的失败，使研制小组感到十分沮丧，但是他们并没有灰心，继续进行着无人机的研制。

　　当时研制无人机的并非只有英国的无人机研制小组，英国皇家空军也在紧锣密鼓地研制无人机，经过反复试验，英国皇家空军最后确定制造一种用陀螺仪控制的无人机。后来，英国皇家空军又对这种无人机进行了改进，采用预编程序的无线电遥控装置，并装上了大功率发动机，使这种无人机的速度增大到每小时 310 千米。英国皇家空军一共制造了 12 架这种取名为"拉瑞克斯"的无人机。

　　无人机诞生后不久就"参军"了，不过无人机进入部队后担负的任务并不"风光"，它是一个"挨打"的对象。部队是把它作为靶机使用的，也就是说它成了一个被打的目标，当它粉身碎骨的时候，就是部队训练成功的标志。20 世纪 30 年代，英国研制成功一种无人靶机，用于验校战列舰上的火炮对飞机的攻击效果。英国人发现用现有的飞机改装无人靶机最为省时省力，而且这种靶机和真实的飞机几乎没有区别。1933 年 1 月，英国人将"费雷尔"水上飞机改装成的"费雷尔·昆士"无人机试飞成功。此后不久，英国又研制出一种全木结构的双翼无人靶机，命名为"德·哈维兰灯蛾"。在 1934—1943 年间，英国一共生产了 420 架这种无人机，并重新命名为"蜂王"。20 世纪 30 年代，美国有一个叫雷金纳德·

德里的航空专家，为美国陆军研制出了供打靶用的无线电遥控装置。1939 年，美国又研制出了一种上单翼无人机，取名为 RP - 4。为了战争的需要，1941 年美国陆、海军开始大批订购靶机，其中 OQ - 2A 靶机 984 架、OQ - 3 靶机 9403 架、OQ - 13 靶机 3548 架。后两种靶机均安装上了大功率的发动机，飞行速度可达每小时 225 千米，飞行高度达 3000 米。

无人机作为靶机是很称职的，它的飞行动作可以随意变换，它的飞行高度也很适合高射炮的射击高度，应该说无人机的飞行动作最接近战斗机和攻击机。如今，世界上不少国家的高炮部队仍旧使用无人机作为高射炮部队训练的靶子。

链接·早期较为有名的靶机

如美国诺斯罗普公司研制的 MD2R5 靶机，最大飞行高度 8250 米，可装红外曳光管和雷达信号增强器，还可带拖靶作为火炮和导弹的靶标。美国瑞安公司的 BQM - 34 靶机飞行速度为 1.5 马赫（1 马赫即 1 倍音速），飞行高度达 1.83 万米，可用于模拟敌方战斗机。面对日益严重的反舰导弹的威胁，美国海军还开发了 BQM - 74C 型掠海飞行无人机，用于评估舰载反导系统。火力校射也需要使用无人靶机，比如美国洛克希德公司生产的"苍鹰"就是这样一种无人机。它装有测距机、自动跟踪电视摄像机、激光指示器和热成像仪，可通过抗干扰的数据链向地面传送位置修正指令，能为"铜斑蛇"激光制导炮弹和机载"海尔法"反坦克导弹指示目标。主要用于火力引导和对射击效果进行评估。

空中神眼为"观战"

不过，无人机挨打的历史并不很长，人们看到仅仅把它作为靶子使用，实在浪费太大，于是，有的国家悄悄地把无人机改装成为侦察机，让它深入战场上空进行战地侦察，无人侦察机诞生了。

在20世纪60年代的越南战争中，越军装备了大量的地空导弹，这些导弹都是苏联研制的先进地空导弹，这就使美军的有人驾驶飞机损失数量急剧上升。为减少损失，彻底摧毁北越防空阵地，必须把越军的导弹阵地侦察清楚，使用无人机去侦察可以避免人员的伤亡。美军在"火烽"靶机的基础上改进成了147型无人侦察机，用于收集越军防空部署的情报。整个战争期间，147型无人机对北越及中国南部边境进行了数千架次的高、低空侦察和电子干扰。据统计，1964年8月—1975年6月，147型无人机共飞行了近3500架次，返回2900架次，回收率在80%以上，提供的情报占美军总情报量的80%。由于无人侦察机的大量使用，美国空军的飞机战损率明显降低，美军把无人侦察机称为"空中神眼"。

把无人侦察机叫做"空中神眼"并不过分，无人侦察机的优势很明显。首先是使用无人侦察机可以减少飞行人员的伤亡，而且使用成本很低。更重要的是，无人侦察机能够为地面指挥官提供清晰的、实时的目标图像，如同"天眼"监视着地面上有威胁的目标，甚至有人说，无人侦察机的部署就像到处安装了摄像头，地面目标的一举一动都能映入指挥官的眼帘。

在 1991 年的海湾战争中，多国部队使用了"马特"、"先锋号"、BQM－147A"艾克斯雄蜂"、ACM－141A 等多种无人机。这些无人机在海湾战争中执行空中侦察、核查空袭效果、搜索海湾水域中的水雷、监视伊拉克的巡逻艇和其他一些任务。在整个战争中，有 3 架无人机遭到了地面轻武器的射击，有一架被击落。比如，有 12 架"先锋号"无人侦察机在海湾战争中执行侦察任务，其中有一架在整个"沙漠风暴"作战中，每天飞行近 24 个小时，飞行时间近 1600 小时。据美国海湾战争的报告披露，"先锋号"无人侦察机共完成 37 次舰炮火力引导、校射任务，引导美军摧毁伊军 1 个炮兵连、2 个弹药库、2 个防空阵地、3 个指挥观察所和 1 个雷达阵地。战后，参战部队对无人侦察机的表现称赞不已。

无人侦察机"观战"最成功的战例要数"贝卡谷地"之战。那场战争发生在 1982 年 6 月 9 日中午贝卡谷地上空。

贝卡谷地位于黎巴嫩东部靠近叙利亚的边境地区，这天的贝卡谷地四周静悄悄的，这是一场激战前的宁静。一辆辆载着导弹的履带车静静地伏卧在叙利亚的导弹阵地上，阳光下闪闪发亮的"萨姆－6"导弹死死地盯着天空，悄然而又威严地对着以色列飞机可能来袭的方向。突然，贝卡谷地拉响了凄厉的紧急战斗警报。叙军指挥官和士兵飞快地奔向自己的战斗岗位，密切注视着天空。导弹雷达操纵员的耳机里突然传来指挥员的口令：立即开机！雷达是"萨姆－6"导弹的眼睛，只要雷达盯上了目标，纵有天大本事也难逃厄运。随后指挥员命令：导弹发射！叙利亚的"萨姆－6"导弹呼啸着向目标飞去。以色列的空中目标一个个被"萨姆－6"导弹击中，山谷里红光闪闪。就在叙利亚官兵为他们取得的胜利而欢呼雀跃的时候，几个收缴"战利品"的叙利亚士兵发现，被击落的飞机竟是无人机，他们没有找到一具以色列飞行员的尸体。

叙利亚人中计了！指挥官立刻醒悟过来。为以军充当诱饵角色、刺探"萨姆－6"导弹雷达秘密的是以色列自行研制的"侦察兵"和"猛犬"无人驾驶飞机，是它们首先飞临叙利亚导弹阵地上空，诱使叙军"萨姆－6"导弹的制导雷达开机。制导雷达一开机，"侦察兵"和"猛犬"无人侦察机，立即把截获的雷达信号传给早已等候在空中的E－2C"鹰眼"预警机，"鹰眼"再把这一信息传给F－4"鬼怪"式战斗机。F－4战斗机获得信息后便沿着叙军导弹制导雷达的波束，发射"百舌鸟"反雷达导弹，准确无误地摧毁了"萨姆－6"的制导雷达，使得叙利亚"萨姆－6"导弹顿时变成"瞎子"。与此同时，"侦察员"和"猛犬"无人侦察机还把截获的信息传送给埋伏在贝卡谷地另一侧以色列的"狼"式地对地导弹。这样，"狼"式导弹和"百舌鸟"导弹双管齐下，"萨姆－6"导弹自然无法招架。贝卡谷地瞬间变成了血与火的海洋。叙利亚人苦心经营10年、耗资20亿美元才建立起来的19个"萨姆－6"导弹阵地和228枚导弹，在6分钟之内就不复存在了。战后，专家评论说，是"侦察兵"和"猛犬"无人侦察机结束了"萨姆－6"的时代。就在这次战争中，"侦察兵"和"猛犬"无人侦察机还充当了战地摄影记者的角色。它们如入无人之境，从容地拍摄战地风光，并及时传送给后方指挥部，使以色列的军事官员不用上前线，就可以观看贝卡谷地的激战实况。

链接：

　　"侦察兵"无人机由以色列飞机工业公司马拉塔分公司制造，是以色列无人机的鼻祖，是以色列的第一代无人机，目前以色列不再生产这种无人机。以色列国家虽小，但是它是研制生产无人机的大国，美国无人机的很多技术都源于以色列。以色列虽然被列入富裕国家，但以色列与周边国家冲突不断，降低战斗成本和减少伤亡十分迫切，而无人机的"小、快、好、省"正对以色列胃口。一般来说，无人机的设计寿命为 4000 小时，其中 2000 小时用于作战，而战斗机全寿命周期的 95% 则都用于训练飞行，无人机可节省培训飞行员的大量费用。如果按每个飞行作战小时所耗费的美元多少计算折旧率，则无人机的折旧率是 F－16 的 1/10，这说明无人机能够承受的战斗损失率是 F－16 的 10 倍。据统计，战斗机 70% 的非作战损失是人为因素造成的，剩余 30% 的损失中大部分也与人有关。尽管飞机不断改进，训练水平不断提高，但人为因素所造成的损失却没有下降。相反，无人机却可以大大降低这方面的损失。对于经济总量并不大的以色列来说，价廉而效高的无人机无疑是最佳选择。

摇身一变会"打人"

　　无人侦察机什么时候变成无人攻击机的呢？笔者认为：2008 年 6 月 7 日是无人攻击机的诞生日。

6月7日这一天，派驻美国拉斯维加斯克里奇空军基地的两名英国空军飞行员，正聚精会神地操纵着一架名为"收割者"的无人驾驶攻击机，这架无人机此刻正盘旋在阿富汗的上空执行巡逻任务，突然，一个目标出现在飞行员的电脑屏幕上，这个目标是一辆正在山区公路上行驶的汽车。英军的飞行员立即通过卫星遥控无人机下降高度，然后遥控无人机利用机上的照相和摄像设备拍下了汽车的图片和视频影像。随后，无人机又悄悄上升高度，紧紧跟踪这辆行驶的汽车。

无人机拍摄的图片和影像实时传回了一万多公里之外的美军基地，图片非常清晰，反恐专家立即对图片上的目标进行了判读，并且与事先储存在电脑中的数据进行了对比。"就是他！"反恐专家肯定地说。从收到无人机发回的图片到确定目标，前后不到一分钟。

"××目标，开火！"指挥员向两名英军飞行员发出了攻击的命令。

这时，一名英军的飞行员负责遥控无人机降低高度，向目标接近，另一名飞行员立即选择无人机上的攻击武器，并遥控无人机上的瞄准制导装置锁定目标。当无人机到达攻击高度时，操纵攻击武器的英军飞行员在电脑上发出了攻击的指令，这个指令通过卫星立即传给了无人机，只见无人机的机身下一闪，两枚卫星制导的炸弹闪电般扑向攻击目标，刹那间，公路上那辆行驶的汽车变成一个大火球。攻击并没有结束，只见无人机继续下降高度，在目标上空开始盘旋飞行，直到火球熄灭，无人机将这一切"尽收眼中"，并且立即将刚才攻击目标的一幕幕实时传到了英军飞行员的电脑中。做完这一切，无人机才"收兵回营"，降落在阿富汗坎大哈的基地。

英军飞行员调出了电脑记录，只见记录上清楚地记载着：从发

英国皇家空军飞行员坐在虚拟驾驶舱内

现目标到确认目标，直到将目标击中，总计用了 5 分多钟。以往执行这样的攻击任务，从侦察机发现目标到指挥部派出攻击机对目标进行打击，最少需要一个小时的时间。"太棒了！"两名英军飞行员情不自禁地相互击掌，以示庆贺。当晚，这两名英军的飞行员坐在家里和家人共进晚餐。这对于正在阿富汗的美军战斗机飞行员来说，简直是痴心妄想，"作战之后能够回到家中想都不要想！不过，也许要不了多久，我们也会像这两名英军飞行员一样，可以遥控操纵我们的无人作战飞机，再也不需要在前线苦战了！"一位美军的飞行员充满幻想地这样说。

　　应该说，这次无人机攻击作战对英军来说，是一件值得庆贺的事情，对世界的航空史来说，也是一件值得纪录的事情，它向世界宣告：世界第一架无人攻击机登上了历史的舞台！

　　那么，英军飞行员操纵的无人机是一种什么型号的无人机？它有什么特点？

"捕食者"的新兄弟："收割者"

　　英军飞行员操纵的这架无人机的名字叫"收割者"，它的编号是 MQ－9。看到这个编号，也许有的人会说，这不是很像"捕食者"（MQ－1）的编号吗？的确，它和"捕食者"有很深的渊源，"收割者"是在"捕食者"的基础上改进而成的，它是"捕食者"的新兄弟。

　　有人可能会问：听说有一种无人攻击机叫"收割机"，它和"收割者"有什么不同？其实它们是同一种无人机，美军的命名是 Reaper，这只是翻译的不同而已。如果从继承性和连贯性的角度来看，还是翻译成"收割者"比较科学。从"捕食"到"收割"，变化是巨大的，捕食仅仅是喂饱肚子而已，收割却不一样了，收割下来的东西不仅仅是可以喂饱肚子，还可以供很多人使用，这的确是一个飞跃。

　　我们现在就来看看"收割者"与"捕食者"有什么不同？

　　尽管这两种无人机有着很深的"血缘"关系，但是从外形上看，两种机型已经有了很大的变化。"收割者"进行了外形的"整

MQ－1"捕食者"　　　　　　　　　　　　　　　MQ－9"收割者"

容"，从外表上看其中最明显的变化是尾翼，"捕食者"的尾翼是倒 V 字形，而"收割者"的尾翼变成了 Y 字形。它们的外形尺寸也有了明显的不同，"捕食者"的外形尺寸是（RQ－1）机长 8.21米，机高 2.13 米，机翼面积 11.45 平方米，翼展 14.85 米。而"收割者"的外形尺寸是（MQ－9A）机长 10.97 米，机翼面积 20.9 平方米，翼展 19.51 米。"收割者"的机翼面积增加了几乎一倍，这就为"收割者"飞得更高、飞得更快提供了良好的基础。"捕食者"（RQ－1）空重 1350 千克，实用升限 7010 米，巡航速度 130 千米/小时。而"收割者"（MQ－9A）的实用升限已经达到 15000米，速度达到了 483 千米/小时，最大起飞重量为 4540 千克。它们携带的设备和武器也有了很大的区别，"捕食者"的基本型，装备了电光/红外传感器和合成孔径雷达，有全天候侦查能力，后来 MQ－1B 可以携带"地狱火"导弹 2 枚进行对地攻击。"收割者"（MQ－9A）可以携带两枚 227 千克的精确制导炸弹和 8 枚"地狱火"反

坦克导弹，并可以携带 JDAM 联合攻击弹药和"响尾蛇"空空导
弹。MQ－9"收割者"不只是一个飞行器，而是一种可以在空中长
时间飞行的无人驾驶飞行系统。这套系统具体包括 4 架带有武器和

携带"地狱火"导弹的"捕食者"

"地狱火"反坦克导弹

传感器的飞机，一个地面控制站和一套卫星通信链路等，操作和维
修 MQ－9 系统的战勤人员多达 60 人。在满载荷的情况下，"收割
者"可持续飞行 14 个小时，而在执行侦察任务时，持续飞行时间
可超过一昼夜，因此它是真正意义上的全球第一款无人攻击机，而

"捕食者"（MQ－1）还不能算真正意义上的无人攻击机。

　　"捕食者"和"收割者"还有一个引人注目的地方，就是说到"捕食者"我们可以看到两种编号，一个是 RQ－1，另一个是 MQ－1，这是因为，"捕食者"无人机在发展之初只是用来侦查的，所以它有一个 RQ－1 的编号，"R"开头，表示侦查的意思。后来美国通用电子公司对"捕食者"无人机进行了升级，能携带"地狱火"导弹以及制导炸弹进行对地攻击。美国空军给能执行攻击任务的"捕食者"无人机以"M"命名，结果，"捕食者"就出现了 RQ－1 和 MQ－1 编号。而"收割者"却不同，它能根据任务需要进行侦察活动和作为通信中继机使用，它还可以为其他没有卫星接入的作战单位提供中继通信，提供侦查信息，同时它还能根据需要携带武器进行对地攻击，它能"一机两用"合二为一，所以"收割者"只有一个编号 MQ－9。

链接：

　　无人飞行器和其他飞行器的主要区别是：第一，无人飞行器不断靠自身的飞机发动机来驱动，它与滑翔机、火箭、炸弹或炮弹不同，无人飞行器从大气中抽取氧化剂。第二，与弹道导弹或卫星不同的是，无人飞行器能在空中持续飞行以及进行空中机动。第三，与巡航导弹和其他飞行武器不同的是，无人飞行器能执行控制着陆，可以再利用。

对地攻击谁开先河

有人说，无人机第一次进行对地攻击的战例并不是 MQ - 9 "收割者"，而是 MQ - 1 "捕食者"。这话是有道理的。MQ - 1 "捕食者" 进行对地攻击作战是在 2001 年的 10 月 17 日，地点也是阿富汗。这一天，美军的一架 "捕食者" 无人机，悄悄地从阿富汗的一个机场上起飞了。本·拉登的一些亲信，乘坐两辆汽车向深山中转移，汽车在崎岖不平的山路上行驶。突然，山路上空出现了一架飞机，这是一架 "捕食者" 无人机。走在前面的一辆汽车里，立即骚动起来，人们担心遭到攻击。"这是无人机，没有武器，不要怕，继续开。" 有人认识这种飞机。听到这样的话，人们的心情平静了许多。塔利班的人非常熟悉这种无人机，"捕食者" 常常在阿富汗的上空进行空中侦察，这种无人机是一种中空战术无人机，主要任务是进行空中侦察和使用激光目标指示器为作战飞机指示攻击目标。塔利班的人都知道，无人机是一种 "坐山观虎斗" 的飞机，它只是侦察一下地面的情况，对地面目标没有直接的威胁。可是他们说错了。

说时迟那时快，只见无人机的机翼下火光一闪，两枚导弹分别从机翼下发射出来，导弹直奔山路上行驶的两辆汽车。转瞬之间，两辆汽车冒出了浓烟。事后，据报道，这两辆汽车里有本·拉登的家人和亲戚。"捕食者" 在阿富汗战场上第二次使用是在 2001 年 11月 15 日，这一天，"捕食者" 携带两枚 "地狱火" 空对地导弹，飞到喀布尔附近的一个小镇上空，当时，"基地" 组织的一些人正在这里开会,"捕食者"攻击了停在会场外面的一些车辆。

这只是美军的 MQ - 1"捕食者"无人机在战争中两次发射导弹。无人机一向是"坐山观虎斗"的,它飞上天空常常是为了侦察敌方的兵力部署、导弹阵地、车辆调动等等。什么时候无人机学会"大打出手"了呢?原来,在科索沃战争之后,美国空军就提出了在"捕食者"上加装"地狱火"空对地导弹的设想。在科索沃战争中,美军发现从"捕食者"无人机发现敌方的目标到攻击机赶来摧毁目标,这段时间就可能给目标造成逃逸的机会。如果"捕食者"本身就安装了攻击武器,就可以及时对目标发起攻击。

"地狱火"机载导弹

2001 年,美军的这个设想开始付诸实施。这年的 2 月 21 日,一架"捕食者"无人机从美军的一个武器实验场起飞了。这架"捕食者"真的要去捕食了。只见它挂带着"地狱火"导弹,直奔目标飞去。很快"捕食者"就发现了目标——一辆废旧坦克,"捕食者"果断地发射导弹,准确地击中了坦克的炮塔。尽管"捕食者"在阿富汗进行了两次"捕食",但是它还仅仅是在 RQ - 1 的基础上改装了一些设备，从严格意义上来说还不能算作真正的无人攻击机。所以笔者认为："捕食者"虽然捕食在先，但是真正到"收割者"开始收割的时候，才是无人攻击机时代的到来。

无人机由"坐山观虎斗"到"大打出手"直接参战，经过了漫长的发展道路。

链接：

怎样控制无人驾驶的飞行器？无人驾驶飞行器的控制一般有三种基本的方式：

第一种是人工控制。操作员在地面控制站通过控制装置了解飞行器的飞行路径、飞行速度和飞行高度，并根据需要通过传感器向无人驾驶飞行器发出指令。

第二种是预定程序控制方式。操作员预先制定好飞行器的任务计划，操作员可在任务执行之前或执行过程当中通过程序加载新的任务计划或者改变任务要求，人工控制随时都可干预任务执行。

第三种是全自动控制方式。在飞行之前，所有的从起飞到着陆期间的任务计划和传感器装置操作都已经输入到飞行系统中，只有在紧急情况下可以通过人工控制来干预任务的执行。

未来的无人战斗机

无人机初露锋芒备受关注，尤其是美国和以色列特别青睐无人机。以色列在发展近程和中程无人机方面最有经验，不少国家竞相与以色列签订合同，共同发展无人机。美国的远程无人机发展处于领先地位。如果我们把无人机的发展人为地划分一下，不妨把世界专用无人机分为三代。在这三代之前，我们称为早期无人机。早期无人机大多使用退役的战斗机改装，有的虽然是专门研制的无人机，但是并不直接用于战场环境。

第一代无人机的主要特点是：能在中、低空进行战场侦察和进

"捕食者"

行实时数据传输。无人机上可以携带电视摄像设备和长焦距镜头，进行空中拍摄。或者安装红外线成像相机和激光指示/测距仪，进行目标指示。

第二代无人机开始采用先进的复合材料制作机身，发动机的马力增大，使用和维护也极为简便。地面接收站大量采用微处理机。

第三代无人机采用先进的气动设计，用复合材料制造机体，有隐身能力，电子设备更加完善。第三代无人机最大的特点就是能够携带一定的武器，进行对地攻击。"捕食者"应该算作第三代无人机。

无人机在未来的发展中必须解决这样几个问题：第一，无人机的操纵人员必须能与无人机实现保密、可靠的（抗干扰）超视距（无障碍的视距）通信。第二，无人机必须解决包括数字化传输、先进的通信技术如扩展频谱技术和日益先进的通信卫星的扩散技术的一系列技术问题。第三，无人机还必须能及时向操纵人员传递关键的反馈信息。这里的关键是改进无人机上搭载的电子和电力设备的输出功率与体积比。

无人机在最近20多年的时间里发展迅速，无人攻击机的出现，标志着无人机的发展到了一个新的阶段。随着高新技术的发展，随着"收割者"无人机在阿富汗的作战运用，无人机将会变得更加具有攻击性。比如，在无人机上安装大气层截击导弹，可截击在助推段飞行的弹道导弹。在无人机上安装高速火箭导弹或者"响尾蛇"、AIM－120先进中程空对空导弹，就可以拦射其他的飞行器。无人机携带攻击性武器，还可对纵深之敌和地面目标进行攻击。

据透露，美国空军于2010年装备了16架X－45B型无人驾驶轰炸机，可携带两枚450千克重的"联合直接攻击弹"或12枚小型制导炸弹。海军在X-45A的基础上制成新型无人机，它的外形类似B-2隐身轰炸机，可攻击1600千米外的目标。法国设想2020年装备一种高超音速无人机，能从3万米的高空搜索和攻击各种目标。德国即将装备的"台风"小型攻击机，可从一辆车上快速放出20架飞机，攻击地面目标和其他目标。这些新型无人驾驶飞机将给敌人以致命打击。

特别值得一提的是，21世纪的天空将出现能够深入战区纵深、在高度危险的战场环境中执行攻击作战任务的无人战斗机。这种飞机能够取代现有的轰炸机、战斗机、武装直升机和巡航导弹，成为一种新型的精确打击武器系统。有军事专家说，到目前为止，没有比无人驾驶战斗飞行器更富有意义的未来军事技术了，这项技术将给世界各国的军队带来无穷的收益。

当然，无人战斗机的发展还有漫长的道路要走，目前最有利也是最简便的办法是利用现役无人机改造。RQ-1A"捕食者"成功转型为MQ-9"收割者"就是很好的例子。还有一个办法就是用现役战斗机改装，尽管改装的难度很大，但是成功的可能性也很大。比如美国正在发展的JSF联合攻击/战斗机，据说已经在考虑无人化的问题了；如果F-35无人化改造能够成功，那么，它就是世界上第一种有人/无人驾驶两用战斗机。

链接：

"美军的目标是将无人驾驶和远程控制技术装备到部队，到

2010 财年，美军 1/3 的纵深打击作战飞机将是无人驾驶飞行器
……"

——摘自美国《2001 财年国防授权法案》

链接：美军空袭巴基斯坦境内目标炸死英籍恐怖疑犯

　　中国日报网环球在线消息：据巴基斯坦电视台报道，2008 年 11 月 22 日，美国再次对巴基斯坦北瓦济里斯坦部落地区实施导弹空袭，炸死 5 人。死者包括与基地组织有关联的英国籍伊斯兰极端分子拉希德·拉乌夫以及一名埃及极端分子。拉乌夫是策划 2006 年伦敦希思罗机场航班袭击阴谋的重要嫌疑人。

　　据报道，美军当日出动无人驾驶侦察机对可疑目标发射导弹。不愿透露姓名的巴基斯坦情报部门官员称，被炸死的埃及伊斯兰极端分子名叫阿布·祖贝尔·阿尔－马斯里。

　　巴基斯坦警方于 2006 年 8 月逮捕了拉乌夫。他被指控拥有用于制造爆炸物的化学品和携带伪造旅行证件。随后，检察机构撤销了对他的起诉，但拉乌夫仍被扣押在监狱中，因为英国要求引渡拉乌夫。2007 年 12 月 14 日，拉乌夫在警卫的看守下成功逃脱。

13

俄军战斗机大战美军航空母舰"小鹰"号

◇ ⋯⋯⋯⋯

真惊险 "珍珠港"又重现

这是一个平平常常的日子。

日本海上空晴空万里。"这真是 20 世纪末少有的好天气。"美军"小鹰"号航空母舰上的一位军官,一边伸着懒腰,一边嘴里在喃喃地说。这一天是 2000 年 11 月 9 日,此刻,"小鹰"号航空母舰正航行在日本海的海面上,它在参加代号为"利剑 – 2000"的"美日联合军事演习"。

"小鹰"号航空母舰

"小鹰"号是一艘常规动力航空母舰，舰上共有各型飞机约90架。它是一艘1961年4月就参军的老舰。美军规定，航空母舰的服役年限为30～35年，这样算起来，"小鹰"号已经是超期服役的"老兵"了。不过，为了延长"小鹰"号的服役年限，美军为它动过一些手术，改装了不少设备，使它能够服役到2010年。尽管"小鹰"号航母在美军的航空母舰中算不上先进的航母，但是美军的将军们认为，"小鹰"号对付亚太地区的"突发事件"还是"绰绰有余"，所以美军把"小鹰"号配备在美军第七舰队，长期以来，"小鹰"号一直是美军第七舰队的主力战舰，经常在亚太地区的海面上耀武扬威。

"小鹰"号上的官兵们也认为：没有人能够动"小鹰"号的一根毫毛，因为只要"小鹰"号一出动，就会有一个庞大的航空母舰编队在保护它，况且现在正在演习的过程中，一切武器装备都"箭在弦上"，在这种关键时刻，谁还敢在"太岁头上动土"？难怪美军在舰上作业的官兵一个个不紧不慢，一副漫不经心的样子。就在这时，美军的官兵看见"小鹰"号的上空飞来两架战机，这两架战机飞行高度很低，速度很快，呼啸着从美军官兵的头顶上飞过。一名正在"小鹰"号航空母舰上作业的美国兵，停下手中的工作，向空中的飞机招了招手，还有一个人向飞机竖起了V形手势。美国人认为这一定是自己的战斗机正在进行例行的飞行。

又过了几分钟，当这两架战机又一次飞临"小鹰"号上空的时候，舰上的官兵们发现战斗机的尾翼和机翼上，鲜红的五角星赫然醒目：是俄国人的战斗机！顿时，"小鹰"号上官兵大乱。

俄国人的战机拍下了这混乱的一幕：许多官兵惊慌失措地跑向防空武器系统，战斗机的飞行员慌慌张张地跳进战斗机的座舱……

有的新闻媒体这样描写：当俄军的飞机出现在"小鹰"号上空的时候，甲板上一片混乱，为了出动飞机，美国人砍断了粗壮的加油管，但是时间已经来不及了……

"如果是两军相对，对于美军来说，这是又一个'珍珠港'。"有人这样评论说。珍珠港是美国人的"滑铁卢"，"小鹰"号是20世纪末的美军的"珍珠港"，这样说并不过分。

"袭"航母　俄军派出"击剑手"

俄机突袭美航母的消息是2000年11月15日由俄军方首次披露的，俄罗斯空军司令阿纳托利·科尔尼亚科夫大将向记者证实说，10月17日和11月9日，俄罗斯空军的苏－24MR战斗侦察机和苏－27战斗机几度成功突破美国"小鹰"号航母的防空雷达网，多次在航母上空来回穿越。

人们不禁要问：苏－24MR到底是一种什么飞机？俄国人为什么要选中它来突袭美军的航母呢？

苏－24MR是一种名不见经传的侦察机，人们很少听到它的名字，它是在苏－24的基础上改进的。苏－24是前苏联研制的双发动机双座变后掠翼战斗轰炸机。1970年它的原型机才飞上蓝天，一开始编号为苏－19，1974年装备部队的时候改编号为苏－24，北约组织给苏－24的绰号是"击剑手"。

苏－24是一种很厉害的双座双发动机变后掠翼战斗轰炸机，它诞生之初，北约组织就把它视为"威胁最大"的飞机严密监视。苏－24到底有些什么本领，让北约望而生畏呢？

苏－24具有高速突防能力和全天候作战能力，它可以携带导弹

停机坪上的苏－24战斗机

等武器深入敌方1300千米的纵深地带进行对地攻击，最具威胁的是它可以携带小型核弹进行战术核轰炸。伊拉克曾经购买了几十架苏－24战斗轰炸机，萨达姆把这些苏－24视为"撒手锏"。1991年，海湾战争爆发，多国部队开始轰炸巴格达，萨达姆立即命令伊

拉克空军的苏－24逃往伊朗，以便日后作为"王牌"武器拿出来与多国部队对抗。除了伊拉克之外，利比亚、叙利亚也购买了苏－24。

苏－24的设计有许多新颖的地方，比如它的座舱盖就很独特，两名飞行员并排而坐，座舱盖从中间一分为二，分别向后面打开。

苏－24"击剑手"

它的起落架上设计了一个小"关节"，这样在起落架收起时，机轮可以放进较小的起落架舱内。它的轮胎是一种低压轮胎，这种轮胎对机场跑道的要求不高，所以苏－24可以在前线普通机场降落。

苏－24出世以后，经过几次"小手术"，派生出了几个小型号：1983年进入前苏军服役的苏－24M是改进比较成功的一种型号,西方人称它为"击剑手"D。它的机翼下的挂架加长了,可以挂带当时苏联所有的苏制空地导弹和火箭发射巢,还安装了激光测距系统,在机头部位安装了可以伸缩的空中受油探管,可以进行空中加油,还可以在空中进行"伙伴加油"。后来又在苏-24M的基础上加装探测设备,改进雷达系统,成为一种侦察/电子战飞机,编号为苏-24MR,西方称它为"击剑手"E,成功飞过美军航母上空的就是这种"击剑手"E。

"击剑手"E改进的主要部分是在机腹的挂架上安装了探测吊舱,这是一个圆形的吊舱,长约6米,吊舱的两侧为扁平状,里面安装了红外线探测设备、探测雷达和照相侦察航拍设备。它的机翼两侧还挂有小型的吊舱,里面安装了主动式全景照相侦察辅助设备。这些系统既可以人工操作,也可以自动进行工作,驾驶舱的后部装有另一套红外侦察系统。在机腹中部舱内则安装着一套激光和远红外侦察系统。苏-24MR可以在飞机上对搜集到的图像和声音情报进行现场处理,然后通过特殊的情报系统传送给地面情报站。由于加装了多个吊舱,它的武器设备减弱了,只保留了机关炮等自卫性的武器。所以俄军派出了苏-27战斗机当它的保镖。

俄军选中苏-24MR和苏-27来突袭美军航空母舰,是精心安排的。俄军看上了苏-24MR的低空突防能力和它的攻击能力,它能携带核弹,还有它的最大的特点就是低空性能好,速度快,它的最大速度可达2.2马赫。但是,已经"而立之年"的苏-24MR并不是一种十分先进的侦察机,俄军选中它,用意非常明白:如果使用这种"二流"的侦察机能够成功突破美军的空中防线,那么使用先进的战斗机就更不成问题；如果突袭不成功，理由也很充分："二流"战机自然不容易成功。看起来俄军成功了。

可是事情还没有完结，美军有人站出来说话了。

唇枪舌剑如是说

美俄两国的唇枪舌剑要比"袭击航母"本身更耐人寻味。

美国人对俄国人向媒体透露的"成功突袭"航空母舰的说法不以为然。2000年11月16日，美军太平洋舰队的一位发言人站出来轻描淡写地解释说："俄军战机飞越'小鹰'号上空，并没有什么特殊之处，俄罗斯的一些报道纯属'蓄意夸张'，有'误导舆论'之嫌。"其实"小鹰"号早就发现了空中的俄国战机，还"派出了战机进行追踪"。美国第七舰队的发言人斩钉截铁地说，靠近"小鹰"号航空母舰的俄罗斯飞机立即被发现，它们一直在美军雷达的监视下，并被美国战斗机"护送"走了。因为双方都没有违反冷战期间双方签订的协定，所以美军才没有加以披露。

美国人说的这个"协定"是指什么呢？原来，早在1972年，苏美两国政府签订了有关预防在公海及其空域发生不愉快事件的协约，协约规定，每个国家的军用飞机在靠近其他国家活动于公海空域的飞机和行驶在公海中的舰船（包括忙于飞机起飞与降落的舰船）时应该表现出极大的慎重态度和理智。双方谁也没有开火，这大概算作一种"慎重和理智"吧。

如果说，面对飞来的俄国战机，"小鹰"号无动于衷，那也是冤枉了它。"小鹰"号上的确出动了战斗机，只是出动得晚了一点。在俄军战机第二次飞过来的时候，"小鹰"号上的一架 F - 14 "雄猫"战斗机和一架 F/A - 18 "大黄蜂"战斗机，立即起飞拦截。紧接着又起飞了一批战斗机，跟踪俄军的飞机。

有人对美军的说法提出了尖锐的疑问：既然美军早就发现了俄军的飞机，为什么航空母舰的甲板上会一片混乱呢？

美军的发言人笑了一笑说，在军舰上空发现非友军的飞机，军人做出了本能的反应，这无可厚非。至于有人说航空母舰上有人在慌乱中，砍断了加油管，这是一种误传，因为卸下加油管比砍断它来得更快。

也有人对俄军的行动不解：俄军的飞机"成功突袭"了美军的航母，俄军应该立即大肆渲染，为什么要等到 7 天之后才宣布"成功突袭"呢？还有，10 月 17 日，俄军的飞机就已经"成功突袭"了在日本海上进行演习的"小鹰"号，为什么要等到一个月之后才宣布呢？

俄国人的举动是有点怪！

美国人揣度说："俄军军费紧张，士气低落，俄军的将军们为了给自己的部队打气，有意夸大事态的分量。鼓舞士气是将军们的职责。"

可是俄国的媒体坚决反对这种"鼓舞士气"的说法，俄国《劳动报》披露说，早在 2000 年 8 月，情报部门就得知，美国和日本计划 10—11 月份在日本海举行联合军事演习。参加演习的有日本大约 30 艘军舰和美国"小鹰"号航空母舰率领的第七舰队。俄军制订了假设消灭航母的详细计划。为了限制美国人的反措施，决定"小鹰"号在海上加油时"进攻"它。

新闻媒体毕竟不是作战指挥部门，媒体的报道可信吗？

有军事分析家说，使用两架飞机的编队"进攻"航空母舰编

乘风破浪的"小鹰"号

队，或者是攻击一艘航空母舰，就能消灭航空母舰吗？值得怀疑。相信俄军聪明的将军们不会制订这样的训练计划。俄军飞机飞越美军航空母舰的政治意义大于军事意义。

美军始终不承认"小鹰"号遭到空袭的说法，在美日联合演习结束的新闻通报上，美军大言不惭地写道："这次演习非常出色，

没有丝毫的差错!"事后,美军也没有针对俄军的"攻击"行动提出任何抗议,是美军真的掌握了俄军的行动,还是为了脸面自欺欺人忍气吞声?我们无法揣度,不过有一点是毋庸置疑的:航空母舰不是神话!从空中突袭仍旧是 21 世纪战争的主要样式。

如今,这个"攻击航空母舰"的事件已经过去了,日本海上早已风平浪静,可是它在人们的脑海中却掀起了阵阵波澜,同时也留下了深深的思考。

14
美军对利比亚实行空中"外科手术"

◇ ·················

2011 年 2 月 15 日—2011 年 10 月 23 日利比亚爆发了战争。这场战争是在利比亚政府和利比亚全国过渡委员会、北约部队之间展开的一场大规模的武装冲突。2011 年 8 月，反对派在西部发起进攻，夺取首都的黎波里，"全国过渡委员会"逐渐得到国际和联合国承认。穆阿迈尔·卡扎菲一度逃避追捕，直至 10 月 20 日在苏尔特被杀。卡扎菲的死亡宣告了利比亚战争的结束。

应该说，美国要致卡扎菲于死地并非一两日。在 20 世纪 80 年代，卡扎菲就遭到美国人的追杀，那次美国人动用了强大的空中力量，不远万里飞到利比亚，想消灭卡扎菲。

有人说，那是一次震惊世界的大轰炸。

那也是一次外科手术式的大轰炸。

那更是一次展示现代精确制导兵器的大轰炸。

事情虽然已经过去了多年，但是在这场环球大轰炸中所使用的航空兵器，至今仍旧是高技术武器库中的精品。

现在就让我们一起来看看这场环球大轰炸吧！

F－111

夜袭利比亚　美军选中 F-111

1986 年 4 月的一天，美国总统里根收到了参谋长联席会议主席威廉·克劳上将送来的一份详细的袭击作战计划，这份计划把空袭利比亚的时间定为夜间。在空袭计划的说明中，里根读到这样的一段话：

"选择夜间袭击的理由是：卡扎菲夜间要回他的帐篷中睡觉，被击中的可能性很大；夜间利比亚的平民活动少，可以减少无辜平民的伤亡；夜间空中活动的飞禽较少，可以减少与飞鸟相撞的机会；利比亚飞行员夜间作战能力较差，可以减少我方的损失，更重要的是，我军使用的 F-111 战斗机，很适合夜间作战……"

F-111 是一种什么样的飞机？美军为什么会选中它呢？

F-111 是一种可变后掠翼战斗机。它的航程远，载弹量大，能实行全天候攻击，主要用于夜间和不利气象条件下执行常规攻击和核攻击任务。所以美军选中它来执行空袭任务是顺理成章的事情。F-111 诞生于 1964 年，它是由美国通用动力公司和格鲁门公司共同研制的。1964 年首次试飞后，在 F-111A 的基础上，又发展了 6 种改进型，它们是 C 型、D 型、E 型、F 型和 EF-111 电子干扰机以及 FB-111 战略轰炸机型。

如果我们把美国袭击利比亚称为"外科手术式"的袭击的话，那么 F-111 就充当了锋利的手术刀的角色。

F - 111 改进的 EF - 111

链接：

　　F - 111 机翼的后掠角是 16°时，它的翼展为 19.2 米；机翼的后掠角为 72.5°时，翼展只有 9.74 米。机身长 22.4 米，机高 5.22 米，最大起飞重量 45359 千克，机身内装有两个 TE30 - P - 9 型涡轮风扇发动机，单台推力为 93000 牛顿（加力）；最大平飞速度每小时 2340 千米；实用升限 15500 米；作战半径 1100～2100 千米；最大转场航程 10000 千米。该机的武器配备十分厉害，装有一门 20

毫米 6 管机炮，机身弹舱可带炸弹或核弹，机翼下有 8K 挂弹架，可带小型核弹、炸弹、火箭弹等，最大载弹量为 13610 千克。通过以上的介绍，读者不难看出 F－111 作为"主攻手"的威力。

"黄金峡谷"行动开始　激光制导炸弹显神通

1986 年 4 月 14 日晚，美国的三大广播电视网正在播放晚间新闻。英国拉肯希思基地的跑道上 24 架 F－111 已经做好了起飞的一切准备，每个飞行员的行囊里都带上了几大块巧克力，因为每个飞行员的心里都十分清楚：这是一次马拉松式的飞行，每个人要往返 16 小时，航程近万千米，要经过 4 次空中加油。这样长时间不间断飞行，对于那些至少可以在洗漱间伸伸懒腰的加油机飞行员来说，也许还可以忍受，但对于紧紧地被束缚在窄小的战斗机座舱里的 F－111 飞机驾驶员来说，这将是一场对意志和战斗素质的严峻考验。

美国为什么要对利比亚进行这次袭击呢？

1986 年 4 月 2 日，美国环球航空公司一架波音 727 客机在从罗马飞往雅典的途中，一枚炸弹突然爆炸，飞机右舱被炸了一个大洞，炸死 4 人（都是美国人）。4 月 5 日凌晨，驻西柏林的一家迪斯科舞厅发生爆炸事件，一名美国兵和一名土耳其妇女被炸死，155 人被炸伤，其中有 44 人是美国兵。美国方面说，这两起事件都与利比亚有关，必须惩罚利比亚的恐怖主义行动。

美国人也认识到，采取军事行动夜袭利比亚会有一定风险，但是"舍不得孩子，套不住狼"，"要得到宝物，就要冒一定风险"。

一位将军说："传说古代时西班牙人多次深入到深山峡谷中，终于找到了一座黄金城。"里根对这个传说十分欣赏，最后把这次军事行动定名为"黄金峡谷"。

1986年4月14日晚7时整，担任此次作战总指挥的舰队司令弗兰克·凯尔索中将给美国空军驻英第三航空队和第六舰队"珊瑚海"号和"美国"号航空母舰下达了命令："我是'黄金峡谷'，我是'黄金峡谷'！我命令你们立即行动，立即行动！"

"珊瑚海"号和"美国"号航空母舰接到命令，立即携其战斗群（含32艘舰只），劈波斩浪，驶向利比亚沿海，进入战位。"珊瑚海"号和"美国"号航母分别进入班加西和的黎波里以北160千米处。

这次行动，美国动用了自越南战争以来最大的兵力，除了英国拉肯希思空军基地上的24架F-111战斗轰炸机之外，还有从费尔福德和登霍尔空军基地起飞的28架KC-10和KC-135空中加油机。4月15日凌晨0：20~1：20，18架A-6、A-7对地攻击机、6架F/A-18战斗机、14架EA-6B电子干扰机和负责协调两个空战群行动的E-2C指挥与控制机，先后吻别了两艘航空母舰的飞行甲板，腾空而起，与F-111飞机会合，此时，夜空中海、空军的飞机已达150多架。

凌晨1：45，F-111和A-6先后进入的黎波里和班加西上空。突袭的5个目标历历在目：阿齐齐耶兵营、西迪比拉勤海军基地、民众国兵营、贝尼纳军用机场和的黎波里机场军用区。

"攻击开始！"随着编队指挥的一声令下，集束炸弹、激光制导炸弹和"渔叉"式空对地导弹倾天而降，霎时间火光冲天，巨大的爆炸声震撼大地。爆炸掀出的层层气浪和烟雾笼罩了的黎波里和班加西。随着一幢幢建筑物的倒塌，轰炸目标被淹没在火海之中。

美国一位记者当时通过美国有线新闻广播网，从的黎波里发回了一条现场新闻，他说："这里发生了战争……飞机在轰炸。一些目标被激光制导炸弹击中……"

FB－111 战斗轰炸机

激光制导炸弹，这是美国武器库中心的佼佼者。这种炸弹人称"精确制导武器"。美机携带的精确制导武器主要有两种：一种是重

907 千克的 GBV－10 型激光制导炸弹，另一种是重 225 千克的 MK20"石眼"激光制导集束炸弹，这种集束炸弹每枚内装 247 枚小炸弹，具有很强的破坏力。

F－111 机身下炮舱的位置安装着一套伸缩式的激光照射系统——"宝石平头钉"系统，它可对目标进行照射、识别、测距，这个系统还有一个电视摄像机，可以把攻击目标的结果录下来，当激光照射系统照射轰炸机目标之后，飞机就按一定的速度、高度和俯冲角进入激光反射能量最强的 20°～30°锥角内投弹，激光制导炸弹即可准确命中目标。

"贝尼，我已瞄准目标，可以轰炸！"F－111 战斗轰炸机的驾驶员通过机内通话器告诉后舱的投弹手。

"明白，我已将目标锁定。"贝尼的右手拇指在投弹按钮上使劲按了一下，第一架 F－111 战斗轰炸机上的四枚激光制导炸弹，立即沿着激光波束飞向目标。

那位美国记者这样形容当时的情景："尖利的飞机呼啸声和猛烈的爆炸声把沉睡的利比亚从梦中惊醒，大地在脚下震颤，的黎波里被火光映照得如同白昼。"

第一攻击波过去之后，美国的情报侦听机构收到了利比亚军方的一次通话。

利比亚的一位司令官向空军基地发出了质问："我们的飞机为什么还不起飞迎战？"

"跑道，跑道被炸，无法起飞！"

"导弹，发射导弹！"司令官命令道。

"雷达受到强烈干扰，无法捕捉目标！"

"没有雷达也给我打！"司令官气急败坏地说。

15日凌晨2：20，美国防部收到了发回来的战报："袭击准时开始，预定目标受到打击。通过电子干扰机对敌雷达进行干扰和用'哈姆'高速反雷达导弹对敌雷达进行压制，敌空防雷达系统完全失去作用，飞机不能起飞，导弹不能发射，敌方现已开始反击，导弹、高炮已开始对空射击，虽然是无的放矢无目的射击，但已形成了火力网，企图封锁我机轰炸利比亚的火力网，是越南战争之后我们遇到的最猛烈的反击。"

当美国总统看到这份电文的时候，利比亚上空的袭击，已接近尾声。

两个小时之后，又一封电报和一叠传真照片送到了总统办公桌上，电文是这样的：

"攻击成功！5个选定目标全部被击中，其中击中一些米格飞机库，摧毁5～12架战斗机和3～5架伊尔-26运输机。利比亚死亡37人，伤93人。亡者中有卡扎菲的一个养女，伤者中有他的两个儿子。"

千里迢迢返航　加油机空中演绝技

经过长途奔袭的飞行员们投下炸弹，退出攻击后，才感到身体有些疲惫，他们在各自的座舱里，不停地大口咀嚼着巧克力。按照预定的计划，返航时还要经过两次空中加油才能返回英国的拉肯希思空军基地。

尽管每个飞行员的嘴里都有巧克力，但他们并不觉得甜蜜，他们心中对法国和西班牙两国在这次袭击行动中的态度十分不满。"如果这两个国家能够支持一下，也许现在我就可以在盥洗室里洗个热水澡了。"一位飞行员甚至想骂出声来。

当美国决定动用部署在英国的拉肯希思空军基地的 F - 111 战斗轰炸机执行这次袭击任务时，一个尖锐的问题摆在面前：飞机必须飞经法国或西班牙领空才是捷径。里根致函法国总统和西班牙总统，通报其袭击计划。里根又直接用热线电话与密特朗通了话。但是，这两个国家始终都不同意美国轰炸机经过该国领空去袭击利比亚。这样一来，从英国起飞的飞机就必须绕飞 2800 海里才能到利比亚，轰炸前，因飞机携弹量很大，要经过 4 次空中加油，返航时，要经过 2 次空中加油。难怪美军飞行员们一个个怨声载道呢。前面已经提到过空中加油，这次大轰炸如果没有空中加油就无法取胜，为了让读者完整地了解这次大轰炸，有必要再描述一下这次壮观的空中加油。

空中加油的场面十分壮观，遗憾的是，大多数人无法看到。一位美军记者随着加油机，目睹了加油的场面，他说："巨大的加油机就像是一头健壮的母牛，战斗机犹如一头头等哺的小牛依偎在母牛的肚皮底下，吸吮母牛的乳汁。"他的这个比喻未必十分贴切，但十分形象。

在空中执行加油任务的是 KC - 135 和 KC - 10 空中加油机。

链接：

KC－135 加油机是在波音 707 原型机的基础上发展起来的，它所装的燃油都是 JP－4 型燃油，可以给多种型号的战斗机加油，也

FB－111 空中加油

可供自身的发动机使用。它共有 10 个机身油箱，位于前后机身地板下和机尾地板上，还有一个中央翼油箱，此外，机翼两方各有一个主油箱和一个备用油箱。

KC－135 加油机可以给高度和性能不同的飞机加油。在加油时

排除了让受油者降低高度及速度的麻烦，既提高了加油安全性，也提高了受油机的任务效率。它采用伸缩套管式空中加油系统，加油作业的调节距离5.8米，可以在上下54°、横向30°的空间范围内活动。更让人惊奇的是，它可以同时给几架战斗机加油。当它仅用一个油箱加油时，每分钟可以加油400加仑。前后油箱同时使用时，每分钟可以加油800加仑。该加油机组人员共4人：正、副驾驶，领航员及空中加油操纵员。加油操纵员的任务是完成加油机与受油机之间的联络、对接及控制加油量的工作。

KC-135加油机的翼展为39.88米，机长为41.53米（含伸缩套管），机高11.68米，最大起飞重量134.72吨，最大载油量118110升，可供加油量60200升，空中加油作业速度为每小时790千米，加油高度8700米。

KC-10加油机是在DC-10喷气客机的基础上发展起来的。它的最大起飞重量为267.620吨，最大载油能力161吨，最大载重航程6110千米，它在机舱中所载的53000千克燃油和主燃油系统中的108000千克燃油是相通的。KC-10装有三台涡轮发动机，其中两台发动机分别置于两个机翼下，还有一台安装在垂尾根部短舱内。

几架返航的F-111战斗轰炸机飞到了指定的加油区域，带队机长一声令下，编队迅速解散，飞机各自奔向指定的加油机。这时，F-111的飞行员直接领受加油机操纵员的口令，打开受油口开关，与加油机的加油管对接。KC-135的尾舱打开了两扇门，加油操纵员通过一面大玻璃窗可以直接观察到受油机的情况。加油操纵员看到左前方的红灯还在不停地闪亮，这说明加油管还没有完全对接好。很快红灯熄灭，绿灯闪亮，对接成功，加油员按下了输油开关，几分钟后，绿灯自动停止闪亮，输油完毕。输油管自动脱离受油口。只见 F－111 的驾驶员在座舱里伸出大拇指朝加油员晃了晃，加油员的耳机传来飞行员的一声"谢谢！"紧接着战斗机一压坡度，退出了加油航线，疾速朝前飞去。美国一家刊物载文，把夜间空中加油的行动称作"危险的空中芭蕾"。

众人纷纷评说　精确制导武器唱主角

有人说：美国这次袭击行动，往返万余公里，犹如一次"环球大轰炸"。美国在这次袭击行动中，只损失了一架 F－111 战斗轰炸机，两名飞行员丧生，其余飞机全部安全返回。为此，美国人沾沾自喜，自认为这是一次十分成功的作战行动。

但是，有些军事专家经过仔细研究，提出了自己的报告，他们提出：美军高技术武器装备有许多问题影响了这次袭击行动，这次行动并不成功。

例如：在这次空袭中，由于机械和计算机等方面的原因，直接担任袭击任务的 32 架飞机中，有 7 架未能投弹；由于红外夜视系统是通过目标发出的热源来确定轰炸目标位置，但它难以区分目标与非目标建筑物，因为同样规模的建筑的"热特征"基本相同，所以有些炸弹没有命中目标甚至误炸民用建筑。还有，这次行动有明确规定：F－111 必须在雷达系统和红外系统同时瞄准目标时才能投弹，执行任务的飞机中有两架飞机因为没有能同时瞄准目标而放弃了投弹的机会。

然而，从战略全局来看，里根和他的同僚们认为"黄金峡谷"行动是成功的。他们认为：我们已从"黄金峡谷"中得到了两块"金子"。一块是军事上的金子，摧毁了利比亚一些飞机和一些军事设施；一块是政治和外交上的"金子"，向全世界表明了"教训恐怖主义的坚定立场"，"促使西欧等国加强同恐怖主义的斗争"。

各国的军事专家们纷纷研究"黄金峡谷"行动。一些军事专家提出：精确制导武器的广泛使用将改变传统的作战样式。

美军在这次空袭中主要依靠精确制导武器，准确地摧毁目标。据报道，激光制导炸弹的命中率为75%，而"哈姆"、"百舌鸟"反雷达导弹的命中率几乎达到100%。在空袭中，精确制导武器构成了对敌方的主要威胁。使用精确制导武器提高了空袭目标的选择性。因为有精确制导，轰炸效果大大增强，空袭作战趋于小编队，减少了被敌防空火力击落的可能性。总之，随着精确制导武器的广泛使用，那种拼人力、拼钢铁、拼消耗的传统作战样式成为过去，取而代之的是反应速度快、突击兵力少、武器威力大、命中精度高、破坏严重、速战速决的新型战争。

15　B - 52 轰炸机的传说

◇ ·····················

　　B - 52 轰炸机出世 50 多年了，在这 50 多年间，B - 52 驰骋沙场，它那庞大笨重的身躯经常出现在蓝天上、电视屏幕里、报刊上。半个世纪的时间，人们对它有太多太多的议论，有人说它"德高望重，宝刀不老"，也有人说它"老态龙钟，应该淘汰"。的确，一种武器使用了 50 年，这不能不让人们对它产生议论。2002 年 3 月，美国空军部长曾在一个不公开的场合说："美国空军还要不间断地改造 B - 52，使它成为先进有效的打击平台，让它能够服役到 2040 年。"这就是说，B - 52 将要服役到快 90 岁。长期以来，B - 52 成了人们非常关注的一种轰炸机，人们熟悉 B - 52 这个名字，可是人们也许并不知道，B - 52 有这样五个让人不能忘记的瞬间——

阿富汗逞威 "杰达姆" 是 "撒手锏"

2001 年 11 月的一天，两架 B - 52 轰炸机出现在阿富汗的上空。这一次 B - 52 轰炸机并没有拿出它的 "看家本领" 采用 "地毯式轰炸"，而是向 "塔利班" 的洞穴和隧道投下了新型炸弹—— "杰达姆"。这些炸弹准确地击中了 "塔利班" 的洞穴，事后证实，有两枚 "杰达姆" 把 "塔利班" 的一个山洞炸塌了。"杰达姆" 是英

B - 52G 轰炸机

文 JDAM（Joint Direct Attack Munitions），即"联合直接攻击弹药"的简称。"杰达姆"是一种非常"年轻"的炸弹，它是 1996 年在美国诞生的。这种"联合直接攻击弹药"的研制成功，给未来空中作战带来重大影响。由于它采用惯性/GPS 制导，实现了真正的全天候作战能力，可以在任何气象条件下实施对地攻击。同时，对空袭目标有了更大的选择性，可根据目标的类型、尺寸和易损性选择不同的命中精度。选择不同类型的战斗部可显著提高对目标的攻击效果，大大减少了摧毁目标所需出动的架次。它又是低成本的弹药，比激光制导武器成本低，可大量装备使用。它还有一个特点，不需要第三方指示目标，这样它就可以从远距离发射。

B－52 使用"杰达姆"这是头一回，参加攻击的 B－52 飞行员记下了这个日子：2001 年 11 月 3 日。自此，B－52 向更现代化的轰炸机迈出了新的一步。有人评价说：B－52 使用"杰达姆"是"老树开新花"。这样，B－52 一改"狂轰滥炸"的恶名，摇身一变成了精确打击武器家族中的一员。B－52 在阿富汗战场上投掷的炸弹还有一个秘密：这些炸弹大多都安装了风力修正装置，还安装了传感引信，这就使 B－52 投掷的弹药命中精度更高。对 B－52 来说，阿富汗战争是其进入现代化高技术武器的一个重要的标志。这也就是 B－52 为什么能"常青不老"的一个重要原因。

海湾空射巡航导弹　反对者刮目相看

有人说是 B－52 轰炸机打响了海湾战争第一炮，这是千真万确的事实。其实，打响海湾战争的第一枚巡航导弹是从空中发射的，是 B-52 轰炸机执行了空中发射巡航导弹的任务。当时谁也不知道 B-52 能够执行这样的任务。

1992 年，在海湾战争爆发一周年的时候，美军一位叫比尔德的空军中校——B-52 轰炸机中队的中队长向世人透露了一个秘密，他说："我们中队在海湾战争中用 B-52H 轰炸机最先向巴格达发射了巡航导弹。"为了适应海湾战争的需要，美国空军事先对 B-52 进行了较大的改进。改进后的 B-52 的弹舱内能携带战略武器旋转式发射架，这种发射架能携带 8 枚先进巡航导弹和核弹。改进型的 B-52 编号为 B-52H。

比尔德中校当时是美空军第八航空队第五九六轰炸机中队的中队长，他们中队驾驶的就是改进后的 B-52H 轰炸机。他回忆说："1991 年 1 月 16 日凌晨 3 时 27 分，我们中队的所有人员都被从酣睡中叫醒。20 分钟后第八航空队司令舒勒将军向我下达了作战命令。他说：'你们是沙漠风暴行动的一部分，是长矛的矛尖。'"

1991 年 1 月 16 日 6：30，第五九六轰炸机中队的 7 架 B-52H 轰炸机，在晨曦中腾空而起，比尔德中校望了一眼被抛在身后的巴克斯代尔基地的机场跑道，他的心里十分清楚，他们的飞机携挂着极其机密、装有常规弹头并能在空中发射的先进巡航导弹。

B-52H 轰炸机的机群在大西洋和地中海上空进行了两次空中加油。长途不间断飞行，飞行员们也需要"加油"，巧克力和压缩食品是理想的食物。比尔德中校一边大口地嚼着巧克力，一边看了一眼时钟：机群已经飞行了 16 个小时多了，再有几十分钟，机群将进入攻击状态。

B-52H"同温层堡垒"

1月17日2：30（当地时间）比尔德中校向他的伙伴们发出了攻击的命令，35枚空射AGM-86C型巡航导弹分别向伊拉克的8个重要目标飞去，这些目标包括发电厂、电力输送网、通信枢纽和预警中心，目标全部被击中。B-52机群从美国本土起飞，绕地球飞行近半周，总共飞行35小时。机群返航后，机组人员全被"暂时隔离"，并要求他们严格保密。

在此之前，B-52还不能完成这样的任务，巡航导弹只能从军舰上发射，从此以后，巡航导弹就具备了"全方位"打击能力。B

－52 能够从空中发射巡航导弹，这使它身价倍增。美国军方和国会里的一些反对 B－52 继续服役的人不得不对 B－52 刮目相看。

越南上空"走麦城"　B－52 首次被击落

B－52 是一种亚音速轰炸机，在 20 世纪 60 年代它是美军的主力轰炸机，美军对它钟爱有加，它每次出动都有严格的保护措施，执行轰炸任务的时候，有电子干扰机陪伴，还有战斗机掩护，要想击落它是非常困难的。

1972 年 12 月 27 日晚上 10 点多钟，美军基地多架 B－52 在战斗机的掩护下，趁着夜色，气势汹汹地飞近了越南河内地区上空。当天，越南人民军空军早有准备，人民军空军的米格－21 战斗机立即起飞迎战。在地面指挥人员的引导下，越机很快就发现了 B－52 的踪迹，在距离 B－52 8000 米的地方，越机的雷达清晰地显示了目标的位置。8000 米并不是攻击的有效距离，越机的飞行员继续靠近 B－52，6000 米、5000 米……当米格－21 距离 B－52 2500 米的时候，越机飞行员听到耳机里传来空空导弹截获目标的"嘟嘟"声。这个距离对于当时的空空导弹来说，还不是攻击的最好距离。继续靠近，米格－21 的飞行员操纵战斗机一直从 B－52 的后方接近目标。B－52 是在夜间飞行，它的航行灯完全打开，这样非常利于战斗机的飞行员观察，在 B－52 的后面，还可以看到发动机尾喷口喷出的火光。

B－52 轰炸机也发现了后面飞来的米格－21 战斗机，担任掩护任务的美军 F－4 战斗机想发射导弹攻击米格－21，可是，米格－21 距离 B－52 太近，发射导弹很容易误伤 B－52，F－4 调整高度，选择从米格－21 上方 30°角进攻，可是这个角度并不是有力的攻击角度，尽管 F－4 向米格－21 发射了空空导弹，但是都没有击中米格－21。B－52 知道 F－4 的攻击没有奏效，慌了手脚，立即使用 B－52 机尾的自卫机炮向米格－21 射击，可是机炮的射程有限，没有对米格－21 造成任何威胁。

当米格－21 距离 B－52 只有 1800 米的时候，米格－21 飞行员果断地按下了空空导弹的发射按钮，两枚空空导弹直奔 B－52 而去。米格－21 立即退出战斗。在返航的时候，米格－21 战斗机的飞行员看到被击中的 B－52 轰炸机冒着火光向地面坠落。

这是 B－52 轰炸机自诞生以来第一次被击落。其实最让 B－52 难堪的并不是被击落，而是在西班牙的一次"马失前蹄"。

西班牙"断箭"　氢弹从 B－52 上坠落

这件事情发生在 1965 年 1 月 15 日。这一天，在西班牙一个村庄的附近，人们听到了一阵剧烈的爆炸声，人们还没有弄清是怎么一回事，只见两个巨大的火球从天而降。

很快有消息传到了美军的五角大楼："B－52 在西班牙东南'断箭'。""断箭"是暗语，意思是"核弹出了事故"。

原来，人们在西班牙那个村庄看到的两个大火球，就是一架 B－52 轰炸机和一架 KC－135 加油机相撞爆炸时的情景。当时，美军的一架 B-52 和一架加油机正在进行空中加油，在 9000 多米的高空相撞，B-52 的机上携带的 4 枚氢弹，随着 B-52 一同坠落下来。当时在田地里劳动的农民看见一个非常沉重的物体从空中坠落下来，砸在一堵护墙上，护墙被砸塌了。几个小伙子看到了这个物体，他们赶过去，看清是一个巨大的铁疙瘩，一个小伙子大胆地朝铁疙瘩踢了一脚。其实这就是一枚氢弹。空军立即出动人员寻找，4 枚氢弹很快找到了 3 枚，另外 1 枚氢弹落进了海中，几千人拉网搜索，使用了各种精密的仪器，终于在水下 900 米处将这枚氢弹打捞上来。有人嘲笑说：这是 B-52 投下的威力最大的弹药，也是最不成功的"核攻击"。

B-52H"同温层堡垒"

"胖水牛"体形不变　"五脏六腑"换新颜

　　有人把 B-52 叫做"空中牛魔王"，美国没有牛魔王，这只是我国一些人对 B-52 的戏谑称谓，美国人叫它"巴夫"，是"胖水牛"的意思，美国水牛当然不如中国"牛魔王"厉害，把 B-52

退役的 B-52 "同温层堡垒"

叫做"牛魔王"实在有点抬举它了。

B－52 的正式绰号叫做"同温层堡垒"，这是说它的飞行高度高，像堡垒一样"固若金汤"。其实，现在看起来它的飞行高度并不高，实用升限只有 16765 米。不过在 20 世纪 50 年代，这样一个庞然大物飞到 16000 多米的高度，的确是很高了。

1952 年 4 月的一天，B－52 首次试飞成功，1955 年 6 月 B－52 开始服役。B－52 从它服役的那一刻起，它就载着核弹，每天 24 小时在空中警戒飞行，始终保持着高度戒备。它的主要任务就是对付当时的苏联的核威胁。1991 年苏联解体，B－52 的核威慑使命也告一段落。

目前，B－52 有 94 架在服役，可是从它诞生那天至今，美国波音公司一共生产了 744 架，有 600 多架在 50 年间被淘汰出局，留下的这些 B－52 已经旧貌换新颜。在海湾、在阿富汗，我们已经很难看到 B－52 过去的样子，虽然它的外形没有什么变化，可是它的"五脏六腑"都有了很大程度的改变。

比如，为了适应高技术战争的需要，配备了全球定位系统，加装了高精度武器配套的硬件和软件，能够挂载和发射带有惯性导航装置和雷达制导系统的反舰导弹以及风力修正弹药分配器电视和红外制导炸弹、联合火力圈外攻击弹药等，还改装了炸弹舱，新型的炸弹舱可以在核弹和常规炸弹之间快速转换，执行任务非常方便。再比如，新增加了前视红外探测器和高频/甚高频无线电系统，第三套电子对抗系统，并为飞行人员提供了新型的头盔。

对 B－52 来说，最大的改装就是"换心"——更换了发动机，这样使得 B－52 的航程增加了 40%，同时发动机的维修费用也随之骤减。这样一改装，B－52 除了"外壳形状是旧的，五脏六腑全是新的了"。

据美军空军部长说，B－52 新的改装工作已在 2004 年全部完成。但是并不是所有的 B－52 都进行了改装。未来的 B－52 还会出现在局部战争中，并会大打出手，不过，我们要用新的眼光来看待 B－52。

16   战场上空的"火眼金睛"

◇ ┈┈┈┈┈

　　有消息说：印度军方开始恢复总额 4 亿美元的预警机研制项目，这个项目曾经在 1999 年被迫取消，当时因为预警机的天线故障导致飞机坠毁。有军事专家指出：印度自行研制预警机是有远见的举措，要取得战争的胜利没有预警机的"守护"，是不可想象的。

　　世界各国空军都非常重视预警机的发展。是战争让各国的将军们看到了预警机的巨大作用。有人形象地说："战争的胜利属于拥有预警机的一方！"

　　真的是这样吗？请你看看英军的这次失利吧——

缺少空中预警　"飞鱼"吞了大军舰

在英阿马岛战争中，英国皇家海军特混舰队崭新的谢菲尔德号导弹驱逐舰被布置在舰队前沿执行警戒任务。1982年5月4日，阿根廷空军的一架"超军旗"式战斗轰炸机挂着两枚法国制造的AM-39"飞鱼"空对舰导弹，利用英海军的舰载雷达低空盲区和海浪杂波，悄悄地以50米超低空飞行直奔谢菲尔德号而来。在相距48千米处，猛然跃升到几百米，对英舰突然连续发射两枚导弹，随之降低高度调头返航。当时，谢菲尔德号的雷达操作员在该机跃起时发现了该机，但只有几秒钟，它便在荧光屏上消失了，所以没有发现它所发射的擦着海面浪峰飞速而来的"飞鱼"导弹。

谢菲尔德号导弹驱逐舰装备的"海标枪"舰对空系统需要20秒反应时间，实际上，当时采取任何防御措施都来不及了。舰长萨姆·索尔特目瞪口呆，只来得及喊了一声："隐蔽!""飞鱼"已经一头钻进右舷中部，大祸来到了。在这次战争中，英国特混舰队共损失了17艘军舰。

1982年5月底，英国召开紧急内阁会议，研究对策，认为如果有一种简单的预警机，多少能弥补英军作战预警时间的不足，最后决定采用"海王"直升机与水面搜索雷达相结合的预警机方案。英国仅用了不到半个月时间就完成了首架飞机的改装，但因马岛战争6月14日停火，"海王"预警直升机未能在实战中使用。至今"海王"预警直升机仍在英国皇家海军服役。

预警机"守护" 空战战果辉煌

预警机进入战争领域的历史并不长，但是在它问世以后的几次战争中却创下了辉煌战果。

E-2C"鹰眼"预警机

1982年6月9日14点14分，在黎巴嫩的贝卡谷地，以色列突然发起了对叙利亚的攻击。以色列首先派出E-2C"鹰眼"预警机飞临黎巴嫩西海岸9000米上空，严密监视叙利亚的导弹发射场和空军基地动态。叙利亚的战机一起飞就立即被E-2C预警机发现，

并将机型和各种参数不断地传给以色列的攻击机。那天，以色列共
出动了96架战斗机，在贝卡谷地上空仅用6分钟时间就全部摧毁
了叙利亚的19个导弹营。在激烈的空战中，以色列飞机竟击落了
81架叙利亚飞机。战后军事家纷纷发表评论，认为以色列取胜的主
要原因之一就是使用E-2C预警机作为空中监视指挥中心，以色列
的战斗机掌握了主动权，而叙利亚的战斗机完全处于被动地位招致
重大损失。

在1991年的海湾战争中，伊军在空战中被击落的飞机有40余
架，而多国部队由于在空战中有预警机指挥，未损失一架飞机。在
战争爆发的初期，多国部队E-3预警机的数量就达到14架。3月
21日，15架伊拉克飞机，其中大部分是米格-29，与多国部队飞机
空战，结果是5：0。1月24日，沙特4架F-15执行任务，在预警
机发现3架伊拉克"幻影"F-1飞机正沿着沙特海岸低空飞行，
准备截击多国部队舰队时，在预警机指挥下向伊机发起进攻，只几
秒钟就击落两架，另一架匆匆发射一枚"飞鱼"导弹后逃离。

2003年的伊拉克战争，美国又派去了19架E-3型、20架E-
2型空中预警机，以及8架E-8"联合星"、9架RC-135。

雷达"坐"飞机

现代战争常常是从导弹袭击开始的，纵观20世纪90年代发生
的几场战争，几乎都是导弹打响"第一枪"。从这个意义上来说，
战争的预警就是"导弹预警"。使用预警机进行预警是现代战争必

不可少的手段。

那么，预警机是怎样发展起来的？预警机的奥秘在哪里？世界上到底有多少预警机？

现在，就让我们一起进入预警机的世界去看一看吧！

我们常在电影里看到这样的情节：山顶上的少年发现了敌人，推倒身边的小树，村民们看见小树倒了，就迅速隐蔽起来。这就是原始的警报或者称为早期告警。其实，早在一千多年以前，人们就已经用烽火作为警报信号传递敌情了。

在高技术军事装备迅猛发展的今天，作战的区域早已从地面扩展到海上和空中。高速飞行的战斗机可以在 3 分钟内跨越超过 100 千米的距离，把战区的范围扩大到方圆数百千米。能够提前发现敌人，哪怕是提前几十秒，对作战双方都是至关重要的。

在第二次世界大战期间，雷达得到了迅速的发展，人们有了一种探测远距离目标的有效手段。可是，雷达波是直线传播的，我们都知道，地球表面是弯曲的，这就限制了地面雷达的探测范围。要想让雷达"看"得更远，就必须增高雷达的位置。于是，人们便尽量把雷达架设在高山上。这种原始的办法仍旧不能解决根本问题。后来，科学家就想出了一个巧妙的办法：让雷达"坐"上飞机，使它"站"得高"看"得远，既灵活机动又便于转移。

1945 年，美国人把当时最先进的雷达安装在一架小型的飞机上，改装成预警机，这便是世界上第一架预警机。

空中预警机至今已经发展到第三代。美国、苏联、英国等国家先后研制了 20 余种预警机。现代预警机已经是用各种高技术装备武装起来的"空中指挥所",是现代战争中不可或缺的机种。

那么,预警机为什么这样厉害?它由哪些部分组成?难道它有"三头六臂"吗?请看——

与众不同的"五脏六腑"

预警机虽然没有长"三头六臂",可是它的"五脏六腑"却与众不同。

从外表上看,预警机的最大特点是都装有巨大的雷达天线罩,这种雷达天线一般都安装在机背上。我们常常看到有的飞机在机背上驮着一个大圆盘,那就是预警机的雷达天线罩。尽管天线罩使飞机的外形变化较大,但经过气动优化设计后,基本上能够保持飞机原有的飞行性能。也有的预警机的雷达天线没有安装在机背上,而是安装在机头和机身两侧。

我们知道,仅有强大的雷达还不能构成预警机,组成完整的预警机需要有以下各个分系统。

雷达探测分系统:通常采用具有下视能力的脉冲多普勒雷达,能在地面和海面的严重杂波环境中探测和跟踪高空或低空、高速或低速目标,能够对数百个目标进行处理和显示。

敌我识别分系统:预警机在复杂战区作战时,首先要识别敌我。敌我识别系统主要由询问机和应答机组成。问询天线通常总合在雷达天线上,在雷达探测的同时对目标进行询问,目标的回波被送入数据处理系统,天线扫描一次可以询问200个装有应答机的目标。经过综合处理的信号最后输入到显控台,使机上操作员和指挥员对战区敌我力量的分布一目了然。

电子侦察和通信侦察分系统:可以对各种雷达和通信信号进行探测、识别、定位和跟踪,是雷达探测系统主要的情报支援手段。

导航分系统:预警机导航设备需给出精确的飞机位置、姿态和速度参数,这些参数被输入计算机数据处理分系统,从而给雷达分系统提供精确的基准位置,使各种传感器所获得的信息能够准确地转换到大地参考系上去。

数据处理分系统:预警机之所以能够迅速、准确地处理、显示上百个目标,是因为有一个数据处理分系统。该系统的心脏是一部处理速度达到每秒几十万甚至上百万次的计算机。

通信分系统:通信分系统分为机内通信和外部通信两部分。机内通信系统为操作员和机组建立话音通信;外部通信系统由数部短波和超短波电台组成,可将获得的大量信息传递给空中友机、海上舰船或地面指挥所。信息的传递可以是拼音或数字模式。

显示和控制分系统:显示台用操作员要求的格式显示战区综合信息,供指挥员和操作员对战场进行控制指挥,发出指令,并进行数据处理和编辑。显控台分为搜索、引导拦截、指挥、电子侦察等多种功能。

此外,为了保证以上系统正常工作,还需配备专门的冷却系统、电源系统等。

了解了预警机的"五脏六腑",你也许要问:现在世界上到底有多少种预警飞机呢?

形状各异的预警机

　　由于预警机在现代战争中的重要地位及其在实战中的出色表现，尽管十分昂贵，但是各国政府还是不惜重金发展本国的空中预警力量，目前有大约200架预警机在我们这个蓝色的星球上飞行。

　　美国是世界上研制和装备空中预警机型号最多的国家，共装备约140架空中预警机，其中包括24架 E－3B、10架 E－3C、大约95架 E－2C。

E－3B 预警机

蓝天上的哨兵 E-3

E-3 名为 Sentry，译为"望楼"，亦即哨所、哨兵、岗亭。给它取这个名字倒是十分贴切的，只不过它是能在空中自由飞行、用高技术武装起来的"哨兵"，与普通意义上的"哨兵"不可同日而语。

E-3 是根据美国空军"空中警戒与控制系统"计划研制的全天候远程空中预警和控制飞机。它是以波音 707 民航机为基础，更换发动机，加装旋转天线罩与电子设备而成的。E-3 有下视能力，能在各种地形上空监视有人与无人驾驶飞行器，属第三代预警机，是当今世界预警机中的佼佼者。

E-3 预警机有 A、B、C、D、F 等多种型号。

E-3A 是美空军首批生产型。1975 年 E-3A 的第一架原型机首次试飞，1977 年 3 月开始交付使用。E-3A 巡航高度 9000 米，最大续航时间 11.5 小时，可全方位搜索和监视陆地、水面和空中目标。机上乘员 17 人。机舱内装有 9 台多用途控制台和 2 台辅助显示器。在巡航高度值勤时，对大型高空目标的有效探测半径为 667 千米；对中型目标的探测半径为 445 千米；对低空小型目标的探测半径为 324 千米。敌我识别系统在一次扫描中能询问 200 个以上装有应答机的空中、海上或陆上目标，获取己方军队的展开情况，向空中指挥员显示完整的陆、海、空军态势，以便指挥己方的空中力量完成截击、格斗、对地/对海支援、遮断、空运、空中加油和空中救援等各种空中作战任务。E-3A 空中警戒与控制系统目标处理容量大，抗干扰能力强，可同时处理 600 个不同目标，引导己方 100 批飞机对来袭目标进行拦截。

E-3 就像一部巨大的会飞行的计算机，它上面的软件需要 300 位软件人员至少用 5 年时间才能设计完成。它的软件设计十分巧妙，最大特点是能与战斗机连线，使战斗机借助自身的自动驾驶仪，进入最佳攻击空域。在战斗机不使用自身雷达的情况下，由 E-3 雷达指挥引导飞机对敌机进行攻击。

"借尸还魂"的 E-767

在 20 世纪 90 年代的海湾战争中，美国空军的 E-3 空中预警机大显身手，它集预警、指挥、控制和通信功能于一体，同时指挥数百架飞机执行空中作战任务，极大地提高了作战效能。于是，空中预警机身价百倍。海湾战争后，各国争购新型预警机。美国的波音公司当然不会放过这个赚钱的好机会，可是原来 E-3 使用的波音 707 已经停产，波音公司就用新型的波音 767 客机进行改装，改装后的预警机编号为 E-767。

E-767 型空中预警机有一部西屋电气公司生产的 AN/APY-2 改进型脉冲多普勒雷达，该雷达采用脉冲压缩技术，具有较高的分辨率和较强的俯视能力。天线与 E-3 型机一样安装在机背上，每分钟旋转 6 周，能够对 360°方位的各种目标进行全面监控，可以从地面杂波中捕捉到巡航导弹、低空飞行的小型飞机、潜艇通气管、潜望镜等目标，工作可靠性、维护性较 E-3 型机均有较大提高。

机上安装的 AN/APY-2 改进型脉冲多普勒雷达有六种工作模式：

（1）脉冲多普勒无仰角扫描工作模式。可以对空中、地面和海上的各种目标进行监视并测量目标距离和方位。

（2）脉冲多普勒仰角扫描工作模式。采用电子垂直扫描方式，可以探测出各种目标的方位、距离和飞行高度。有效探测距离较第一种工作模式略小。

（3）超视距扫描工作模式。以低频压缩脉冲信号对中高空目标

日本装备的新型预警机 E-767

进行远距离监视，探测其距离和方位。

（4）对海上目标监测工作模式。能在各种海况条件下，利用超短的脉冲波对海上静止和移动目标进行监测。为消除各种杂波的干扰，可以事先将活动区内的海岸、岛屿等资料输入中央数据处理系统，计算机可自动将地面回波滤掉。

（5）频率捷变监测工作模式。将前四种模式交替混合使用的一种监测模式，能保证在最大探测范围内有效地监测空中和海上目标活动情况。

（6）电子信号侦收工作模式。使用侦收器材记录敌方地面和空中的各种电磁信号，并对信号源的各种参数进行计算分析，为己方航空兵和电子战部队提供有关数据。

E-767 在执行空中预警任务时，每个机组由 20 人组成，其中飞行人员 2 人，电子设备和指挥控制人员 18 人。机内装有 14 个多用途情况显示操纵台，2 个情况显示辅助操纵台。机载中央数据处理系统采用国际商用机器公司生产的 4PICC-2 型计算机，其内存容量较 E-3 型机上装备的 CC-1 型计算机大 4 倍，运算速度快 2 倍，电子操纵人员可以通过计算机对各种数据进行处理，准确地计算出各种目标的飞行高度、速度、方位和距离等要素，及时通报地面作战指挥中心或中心作战编队，直接指挥其执行作战任务。E-767 机上还装有 AYR-1 型电子支援系统和 AN/APX-103 敌我识别系统，其天线装在雷达天线罩内，可以在半径 300 海里（约 560 千米）范围内准确地接收到被询问目标敌我识别应答器的回波，通过计算机在 10 秒钟内可以完成对 100 个目标的敌我识别任务。

E－767 空中预警指挥机与波音 767 客机相比，在机体结构上有五项大的改装：

（1）加固机体后半部大框并提高机舱地板的承重强度，用以安装总重量为 6800 千克的雷达天线罩、计算机系统、通信系统和操纵台等大型设备。

（2）在机头上方加装空中受油系统。

（3）加装供天线驱动用的液压传动系统。

（4）拆掉一个机内油箱，供安装雷达冷却系统。

（5）加装大功率供电系统。E－767 机载电子设备用电总量为 350 千伏安，飞行保障系统用电总量为 80 千伏安。为保证供电需要，在原型机 2 台 90 千伏安发电机的基础上，再加装 2 台 150 千伏安发电机。

E－767 型空中预警指挥机的巡航时速为 800 千米，实用升限 12700 米，最大续航距离为 9260 千米，经空中加油后，可连续 24 小时在空中执行预警指挥任务。目前，可供 E－767 型空中预警指挥机选择的发动机共有三种型号：一是通用电气公司的 CF－6－80A 或 80C2 系列，二是普惠公司的 JT90－7R4 或 PW4052 系列，三是英国罗尔斯·罗伊斯公司的 RB211－524G 系列。

海天上空有"鹰眼"

E－2C"鹰眼"预警机是美国格鲁门公司生产的舰载预警机。它的活动范围主要在海洋上空，它也可以从陆地机场起飞执行任务。它的主要作用是舰队防空预警，也用于空中执行空战指挥任务。它诞生以后，经过几次改型，现在美军使用的主要是 E-2C 型。

　　E-2C 预警机的外形特点十分突出，如果看一看它的尾翼，你就会发现，它的尾翼有 4 个垂尾，更重要的是它的尾翼有一部分是

E-2C "鹰眼" 预警机

用玻璃钢制造的，这既减轻了飞机的重量又可以减小雷达的反射面积，便于隐身，真可谓 "一举两得"。它的机翼可以向上折叠，这

样便于在航空母舰上停放。

E-2C"鹰眼"诞生以后，屡立战功：它曾多次引导美国反毒品机构的飞机成功地拦截了运送毒品的飞机；在中东战争中也有它的身影，它为以色列的战斗机领航；美国发射航天飞机时也少不了它的帮助，让它在空中监视发射空域的情况；在海湾战争中，有27架E-2C参战，为多国部队提供引导指挥和预警。

E-2C"鹰眼"是E-2的最新改进型，在目前各国军队中装备数量最多，除了装备美国海军外，新加坡、日本、埃及等国都购

E-2T 预警机

买了这种预警机，我国台湾也购买了 6 架 E-2B 的改进型 E-2T 预警机。

E-2C 预警机的舰载机属专用机型，巡航高度 8000 米，最大续航时间为 5.5 小时。采用 L 波段雷达，具有对空、对海、对地三种工作方式，全方位覆盖 360°，中高空目标探测距离 480 千米，低空目标探测距离 270 千米，可在复杂背景中同时跟踪 300 批目标，引导己方数十架飞机实施拦截。

坐山观虎斗的 A-50

前苏联防空军装备图-120 "苔藓" 预警机共 12 架，伊尔-76 "中坚" 预警机（又称 A-50）约 12 架。

在 1991 年的海湾战争期间，每天都有两架大型飞机 24 小时不间断地在战区附近盘旋。它们并不直接参战，而是 "坐山观虎斗"。因为它们既不属于多国部队，也不属于伊拉克。原来，这是前苏联的 A-50（又叫伊尔-76）预警指挥机，它们的任务是监视从土耳其飞向伊拉克的美国飞机和舰射巡航导弹。这也算是 A-50 的一段实战经历吧。

A-50 是前苏联伊留申设计局用伊尔-76 客机改装的预警指挥机，机上装有空中预警雷达，有下视能力。该机型于 20 世纪 70 年代开始研制，80 年代初开始生产。1984 年新式的 A-50 型机在塔甘罗空军基地试飞成功，当年就有 3 架同型机投入现役。A-50 型预警指挥机巡航距离为 1000 千米，滞空时间 4 小时（不需要加油），在米、分米波段上向各军兵种传送信息的距离为 350 千米，而短波频段传输可达 2000 千米；与卫星联网传输可达 2000 千米以上。机上乘员 15 人，其中 5 人为机组人员，其余为各负其责的预警系统的操纵者。主要设备是三相阵雷达、飞机国籍识别器、信息处理与发信机，向地面、卫星和协同作战飞机传递信息的数字传输系统以及数据储存系统等。A - 50 在捕捉到目标后，能迅速将目标数据向地面指挥部、防空歼击机部队、防空导弹部队报告，距离较远时使用卫星通信系统。A - 50 既是一架侦察机，也是一个在空中游弋的雷达站，同时也是一个空中指挥所。

其他各国的预警机

英国曾为研制预警机进行了不懈的努力，曾研制并装备了"塘鹅"和"手铐"两种预警机，都已退出现役。大型的"猎迷"预警机的研制可以说是多灾多难，几经波折最终还是被放弃了。仓促而就的"海王"预警直升机为应付英阿马岛海战迅速装备英海军，但是英国仍未放弃寻求进一步解决空中预警力量问题的办法，最终还是向美国购买了 7 架 E - 3D 预警机。

法国也曾制订若干预警机研制方案，如"大西洋者"和 C - 160"协同"预警机，但至今未装备部队。1987 年，法国也向美国订购了 4 架 E - 3D 预警机。

日本航空自卫队已装备十余架 E - 2C 空中预警机。从 1997 年开始，日本又在试飞一种新型的预警机。这种预警机的编号为 E -

E-3D 预警机的天线

767，它是在波音 767 的基础上改进而成的，它也像 E-3 一样，在背上背着一个圆盘状的雷达天线。

特别值得一提的是以色列。目前以色列正在研制全新概念的"环"预警机，雷达采用有源相控阵技术，领先开始了第三代预警机的研制。该机以波音-707 为载机，整个工程现已接近尾声，预计很快将交付用户。

沙特阿拉伯于 1987 年向美国购买并装备了 5 架 E-3A 预警机。

此外，埃及也拥有 5 架 E-2C 预警机。新加坡、加拿大、巴基斯坦等十几个国家都已订购 E－2C 或 P－3 反潜机。

飞向 21 世纪的预警机

预警机虽然神通广大，但是也有致命的弱点。至今预警机的自身安全仍是一个颇有争议的话题。预警机体积大、飞行速度慢，是一个容易受到攻击的目标，尽管有些预警机配备了自卫干扰设备，但是其安全通常由一组护航战斗机负责。随着隐身技术发展，以及自卫干扰设备的重量和体积减小，效率增加，新一代预警机将具有更强的生存能力。

不断成熟的相控阵雷达技术标志着第三代预警机的发展方向。目前除以色列、瑞典外，美国也在研制其新一代相控阵雷达预警机。相控阵雷达的特点是雷达波束靠电控扫描，而不是传统的机械扫描。它能够探测低速飞行的直升机，并可以对高速机动的目标进行连续跟踪，这是现有预警机做不到的。

相控阵天线是固定在飞机上不动的，且天线阵面的形状可根据飞机外形作适应性设计。未来采用成熟有源相控阵技术的预警机将看不到巨大的雷达天线罩，体积会更小，机动性更好，其系统性能将更完善，可靠性更高。

链接： **预警机的种类**

预警机的全称应为空中预警与指挥控制系统飞机。一架现代的预警机可以说是先进航空技术和高新电子技术的结晶，它的机载系统和设备相当复杂，价格也极其昂贵。主要由三大部分组成，即：飞行平台、预警雷达天线和机载电子系统。以现役的客机、军用运输机、轰炸机为平台改装的预警机，也称为预警飞机，采用其他航空器（如直升机、飞艇等）作为预警平台的则称为预警直升机、预警飞艇、预警气球等等。

17 运输机的杀手——肩射导弹

◇ ⋯⋯⋯⋯⋯

空中惊魂 民航客机遭袭

2002 年 11 月 28 日清晨，肯尼亚港口城市蒙巴萨的国际机场又开始了忙碌的一天。这一天，以色列的一架民航客机就要从这个机场起飞，返回以色列。这是一架以色列航空公司的波音 757 客机，机上有 261 名乘客和 10 名机组成员。当地时间 7 时许，这架客机带着 271 人，在朝阳的陪伴下升上了蓝天。

就在飞机爬飞到 130 多米高度的时候，机长和驾驶员几乎同时看到：几道白色的飞行尾迹从飞机的左侧疾速掠过，很快消失在空中。驾驶舱的仪表立刻显示：有武器攻击飞机。有多年飞行经验的机长，立即意识到：有导弹在袭击我们的飞机！因为在这样的低空，高速飞行的飞行物与客机擦肩而过，产生白色的尾迹，只能是导弹。机舱里的很多乘客也看到了这惊险的一幕，不过大多数乘客不知道发生了什么事情。

机长立即向地面塔台报告：我们遭到导弹袭击！

以色列客机

与此同时，机长和飞行员马上检查飞机的仪表，各种仪表显示：飞行状态正常。飞机加速飞行，很快爬升到 5000 米以上的高度。本来这架飞机还要到内罗毕的机场落地，以色列航空公司决定，客机立即直飞以色列。随后，以色列航空公司取消了所有从国外起飞的航班。

当客机在以色列的机场上降落之后，机务人员立即进行了检查，发现飞机尾部有轻微伤痕，分析是导弹爆炸时，被碎片击中，不过没有大碍。

事后，肯尼亚当局在出事的机场跑道附近大约400米处发现了两枚尚未引爆的地对空导弹和两个导弹发射装置。以色列军方对这种导弹非常熟悉，导弹是SA－7。

"圣杯"盛毒酒 肩射导弹逞凶

SA－7导弹绰号"圣杯"（Grail），这是一种肩射导弹。肩射导弹是指扛在肩上发射的导弹，它是一种单兵使用的轻型导弹。也有

SA－7肩射导弹

一些肩射导弹为了射击时更稳固，用支架支在地上发射，我们习惯上仍旧称它为肩射导弹，或者叫便携式防空导弹。肩射导弹是一种十分有效的低空防空武器，它主要用来对付低空飞行的目标，比如：低空飞行的直升机、俯冲飞行的攻击机等机动目标。它是野战部队非常重要的防空武器。

SA－7 是前苏联研制的一种肩射导弹，也是世界上研制最早的一种肩射导弹，人们又叫它"萨姆－7"，它于 1966 年进入苏军部队服役。

肩射导弹首次参战是在 1968—1970 年的中东战争中。当时以色列的许多战斗机遭到 SA－7 的攻击，并被击落多架。整个越南战争中，SA－7 又一次名声大噪，美国客机飞行员对 SA－7 导弹畏之如虎。整个越南战争期间，越军向美军的飞机发射了大约 500 枚 SA－7 导弹，击落各种军用飞机 45 架，击伤 6 架，平均每发射 10 枚导弹就击落或击伤 1 架。一架战斗机的价值当然远远超出了 10 枚 SA－7 导弹的价格。更让美国人感到头痛的是，这让美军的攻击机和轰炸机无法执行低空攻击和轰炸任务，因为飞机一进入低空，就可能成为 SA－7 攻击的目标。

对于使用 SA－7 的人来说，它真像是一个盛满毒酒的"圣杯"，这个"圣杯"沾上谁，谁就倒霉，飞机要是沾上了"圣杯"中的毒酒，那就必死无疑。

可是这一次，"圣杯"为什么对以色列的客机没起作用呢？

巧施魔法 "电子保镖"发威

以色列的这家航空公司是一个很小的公司，据说只有两架波音757客机，但2002年5月以色列总理沙龙到美国访问，乘坐的就是这家航空公司的波音757客机。乘坐这家航空公司的飞机主要是为了迷惑敌对国家，使他们误认为是一架普通的民航客机，而不是总理的专机。

"毒刺"-04

　　总理乘坐飞机自然要有极为严格的保卫措施，安装电子诱饵装置就是安全措施之一。沙龙出访前，以色列的情报部门和安全部门在这家航空公司的两架波音 757 客机上分别安装了导弹告警装置、红外线诱饵设备，这些设备就是飞机的"电子保镖"，在关键时刻，"电子保镖"会出来保护飞机免遭袭击。如果飞机一旦遭到导弹的袭击，告警装置会立即报警，并自动释放红外线诱饵。也许有人会问：以色列人为什么要给两架波音 757 飞机都安装"电子保镖"？其实，这也是为了预防万一，如果一架飞机出了故障，另一架马上就可以起飞。只是没想到为以色列总理预备的"电子保镖"，在这个时候发挥了作用。

　　尽管以色列人没有公开飞机上的"电子保镖"到底有哪些设备，但是可以肯定的是，以色列客机上安装的这些"电子保镖"，可以对付世界上较为先进的地对空导弹，对付 SA－7 是绰绰有余的，因为 SA－7 实在算不上先进的地对空导弹。以色列人在早些年吃过 SA－7 的亏，他们对 SA－7 的特点了如指掌：SA－7 是一种红外制导的肩射导弹，也就是说，导弹是追踪飞行器的热源进行攻击，SA－7 的制导系统一旦受到干扰，就会"望机兴叹"。在越南战场上 SA－7 就遇到过这样的事情。刚开始越军使用 SA－7 击落了不少美军战斗机，后来美军在战斗机上安装了"诱饵闪光弹"，SA－7 导弹就失去了威力。如今的 SA－7 比在越南战场上有了一些改进，但是没有本质上的变化。SA－7 的射程高度只有 2300 米，对付低空目标还有些作用，超过 2300 米它就无能为力了。